U0896665

国家示范校重点建设项目成果系列教材

单片机技术应用

邓朝霞 主编
王 彪 陈远阳 李建明
杨晓东 赵小灵 白菊容 参编
蒙 楠 庞广富 许燕妮

科学出版社
北 京

内 容 简 介

本书采用项目任务的方式来组织内容，包含了七个项目：点亮一盏LED灯、设计LED电子广告牌、设计自动售货机控制系统、设计选号系统、设计电子钟、智能小车运动控制和家电设备工作状态远程监控，都为生活中常见、常用的单片机控制系统。书中使用MCS-51系列的单片机，主要是STC89C52和AT89C51，采用C51语言编程。

本书为中等职业学校机电专业的教材，也可供单片机技术爱好者参考。

图书在版编目（CIP）数据

单片机技术应用/邓朝霞主编．—北京：科学出版社，2014
（国家示范校重点建设项目成果系列教材）
ISBN 978-7-03-040743-6

Ⅰ.①单… Ⅱ.①邓… Ⅲ.①单片微型计算机-职业学校-教材
Ⅳ.①TP368.1

中国版本图书馆CIP数据核字（2014）第109782号

责任编辑：李太铼 张振华/责任校对：王万红
责任印制：吕春珉/封面设计：耕者设计工作室

科学出版社 出版
北京东黄城根北街16号
邮政编码：100717
http://www.sciencep.com

北京鑫丰华彩印有限公司印刷
科学出版社发行 各地新华书店经销
*
2014年1月第 一 版 开本：787×1092 1/16
2020年2月第五次印刷 印张：13
字数：290 000

定价：39.00元

（如有印装质量问题，我社负责调换〈鑫丰华〉）
销售部电话 010-62136230 编辑部电话 010-62135120-2005（VT03）

前言

单片机又称单片微控制器，它把一个计算机系统集成到一个芯片上，一块芯片就成了一台计算机。它的体积小、质量轻、价格便宜，为学习、应用和开发提供了便利条件。目前单片机已渗透到我们生活的各个领域：工业自动化过程的实时控制和数据处理，自动控制领域的机器人、智能仪表，医院使用的医疗器械，飞机上各种仪表的控制，计算机的网络通信，人们日常使用的各种智能 IC 卡，录像机、摄像机、全自动洗衣机的控制，以及程控玩具、电子宠物等，这些都离不开单片机。

单片机（51 系列）造价低廉，稳定性高，非常适合低成本自动化项目的开发。单片机结构简单、易于理解，可以作为学习高级微控制器或复杂中央处理器的进阶基础。

本书的每一个项目由几个具有相关性、难度循序渐进的任务组成。项目中大部分任务包括 6 个组成部分：跟我做、相关知识、知识拓展、动动手、考核与评价、思考与练习。“跟我做”展示了完成案例任务的准备、实施和结果。“动动手”布置了一个与案例任务有共性的新任务，让读者练习、验证刚学到的知识和技能。读者通过学习“跟我做”，自己完成“动动手”，达到学习知识、运用知识、培养技能的目的。

本书的项目 1 由李建明编写，项目 2 由赵小灵和蒙楠编写，项目 3 由邓朝霞、庞广富、许燕妮编写，项目 4 由邓朝霞、白菊容编写，项目 5 由王彪编写，项目 6 由杨晓东编写，项目 7 由陈远阳、郑栋编写。

在本书编写过程中，黄海涛、黄邕两位老师对本书学习情景开发、教具制作提供了很多帮助，在此表示衷心感谢。

书中还有许多不足之处，请读者批评指正。

目 录

项目 1 点亮一盏LED灯

项目任务与目标

项目包含的工作任务 ☞

1. 认识单片机最小系统
2. 认识单片机学习板
3. 点亮一盏 LED 灯

项目应达到的教学目标 ☞

通过以上三个工作任务的实训，应达到以下几个教学目标：

1. 了解单片机内部结构，掌握单片机引脚功能
2. 掌握单片机最小系统的构成、单片机控制板其他电路的功能
3. 掌握 MED 编译软件的使用
4. 掌握 STC 下载软件的使用

计算机是由运算器、控制器、存储器、输入设备及输出设备等五个基本部分组成的，把运算器和控制器集成在一起称为中央控制器（CPU），由 CPU 及存储器、输入设备及输出设备构成的计算机就叫做微型计算机，将 CPU、存储器、输入/输出电路集成到一块集成电路芯片上就构成单片微型计算机，简称单片机，又称为单片微控制器，见下图。

任务1.1 认识单片机最小系统

跟我做：认识单片机最小应用系统

本次的任务是认识单片机芯片，单片机正常工作的最基本条件，并且画出电路图。

任务设计指导

1. 准备工作

1）准备一片单片机芯片。

2）绘图文具。

2. 任务实施

(1) 认识新朋友——单片机 STC

STC 单片机（图 1-1）：我是来自深圳宏晶公司的朋友，我和来自美国的 intel 51 系列是兄弟。如果你了解我，我会按你的指令为你工作。

图 1-1　STC 单片机芯片

(2) 单片机的应用领域

STC 单片机：你可别小看我，我在许多部门身居要职。

1）智能仪器仪表上的"核心人物"。

单片机广泛应用于仪器仪表中，结合不同类型的传感器，可实现诸如电压、功率、频率、湿度、温度、流量、速度、厚度、角度、长度、硬度、元素、压力等物理量的测量。采用单片机控制使得仪器仪表数字化、智能化、微型化，且功能比起采用电子或数字电路更加强大，例如精密的测量设备(功率计、示波器、各种分析仪)。

2）在工业控制中的"信息采集员"。

用单片机可以构成形式多样的控制系统、数据采集系统，例如工厂流水线的智能化管理，电梯智能化控制、各种报警系统，与计算机联网构成二级控制系统等。

3）在家用电器中的"信号处理中心"。

可以说，现在的家用电器基本上都离不开单片机的控制，从电饭煲、洗衣机、电冰箱、空调机、彩电、其他音响视频器材，再到电子秤量设备，五花八门，单片机无所不在。

4）在计算机网络和通信领域中的"交换机"。

现代的通信接口，如果使用单片机，就可以很方便地与计算机进行数据通信，为

在计算机网络和通信设备间的应用提供了极好的物质条件。现在的通信设备基本上都通过单片机实现了智能控制，从手机、电话机、小型程控交换机、楼宇自动通信呼叫系统、列车无线通信，再到日常工作中随处可见的移动电话、集群移动通信、无线电对讲机等。

5）在医用领域中的“小助手”。

单片机在医用设备中也有相当广泛用途，例如医用呼吸机、各种分析仪、监护仪、超声诊断设备及病床呼叫系统等。

(3) 单片机的引脚与功能

STC单片机：为了加深我们的认识和了解，请你拿纸和笔，记一下我有几个引脚，每个引脚有什么作用。

(4) 描绘单片机控制最简单的电路

接下来，请你阅读下面的相关知识，描绘一下最简单的单片机控制电路。

相关知识：单片机最小系统基本认知

1. MCS-51单片机的内部结构

8051主要由一个通用中央处理器（CPU）、程序存储器（ROM）、随机读写数据存储器（RAM）等组成。8051内部逻辑框图如图1-2所示。

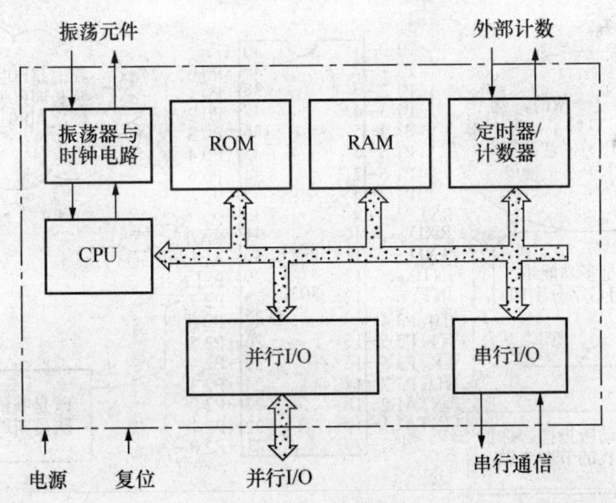

图1-2　单片机内部框图

1）中央处理器（CPU）：整个单片机的核心部件，是8位数据宽度的处理器，能处理8位二进制数据或代码，CPU负责控制、指挥和调度整个单元系统协调的工作，完成运算和控制输入输出功能等操作。

2）数据存储器（RAM）：8051内部有128字节数据存储器（RAM）和21个专用寄存器单元。

3）程序存储器（ROM）：8051共有4K字节程序存储器（ROM），用于存放用户程序和数据表格。

4）定时/计数器（ROM）：8051 有两个 16 位的可编程定时/计数器，以实现定时或计数，当定时/计数器产生溢出时，可用中断方式控制程序转向。

5）并行输入输出（I/O）口：8051 共有 4 个 8 位的并行 I/O 口（P0、P1、P2、P3），用于对外部数据的传输。

6）全双工串行口：8051 内置一个全双工异步串行通信口，用于与其它设备间的串行数据传送，该串行口既可以用作异步通信收发器，也可以当同步移位器使用。

7）中断系统：8051 具备较完善的中断功能，有五个中断源（两个外中断、两个定时/计数器中断和一个串行中断），可基本满足不同的控制要求，并具有 2 级的优先级别选择。

8）时钟电路：8051 内置最高频率达 12MHz 的时钟电路，用于产生整个单片机运行的时序脉冲，但需外接晶体振荡器和振荡电容。

2. MCS-51 单片机外部引脚

STC 单片机：本书用的单片机有 40 个引脚，你要把他们当作 40 个小朋友，他们大多有名字，要认识并记住他们的名字，以后你要用他们的时候，他们就乖乖地听话执行你的命令。

如图 1-3 所示，是单片机引脚图，图中引脚可以分为 4 类：电源类引脚 2 个、时钟类引脚 2 个、控制类引脚 4 个、I/O 类引脚 32 个。

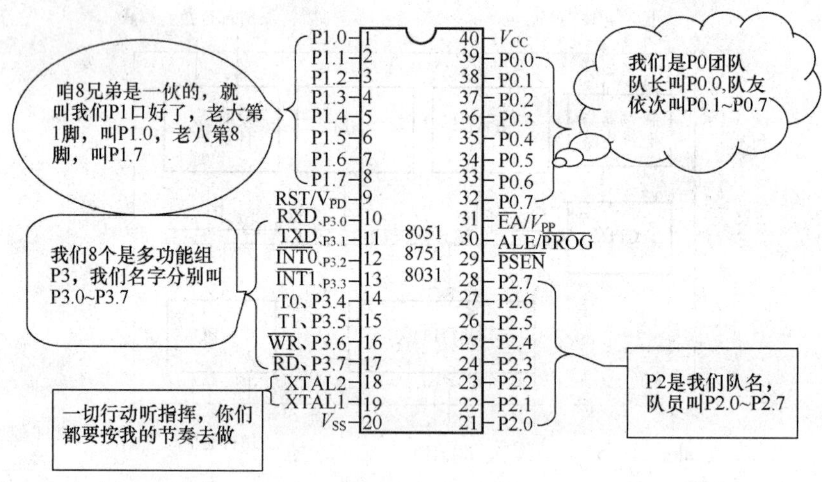

图 1-3　单片机的引脚

其中的 4 个 8 位的并行 I/O 口引脚分别是：

1）P0 口，由 32～39 共 8 个引脚构成，这 8 引脚分别记作 P0. 0～P0. 7。

2）P1 口，由 1～8 共 8 个引脚构成，这 8 引脚分别记作 P1. 0～P1. 7。

3）P2 口，由 21～28 共 8 个引脚构成，这 8 引脚分别记作 P2. 0～P2. 7。

4）P3 口，由 10～17 共 8 个引脚构成，这 8 引脚分别记作 P3. 0～P3. 7。

在系统中，这 8 个引脚都还有各自的第二功能，详见表 1-1。

表 1-1　P3 口功能

引脚	名称	功能 1	名称	功能 2
10	P3.0		RXD	串行数据接收
11	P3.1		TXD	串行数据发送
12	P3.2		$\overline{\text{INT0}}$	外部中断 0 申请输入
13	P3.3	准双向 I/O 端口	$\overline{\text{INT1}}$	外部中断 1 申请输入
14	P3.4		T0	定时/计数 0 计数输入
15	P3.5		T1	定时/计数 1 计数输入
16	P3.6		$\overline{\text{WR}}$	外部 RAM 写选通
17	P3.7		$\overline{\text{RD}}$	外部 RAM 读选通

3. 单片机最小系统

单片机正常运行的必须具备最基本系统称为单片机的“最小应用系统”。单片机要正常运行，首先要具备三个基本条件：电源正常、时钟正常、复位正常。

图 1-4 为单片机应用电路图，单片机控制一只 LED 灯的应用系统是由四部分组成的：1 片 AT89C51 单片机芯片；外接 C1、C2 和 Y1 组成的震荡电路；R1、C3 组成复位电路；再加上电源就可以使单片机正常工作了。我们所使用的单片机学习板的电源

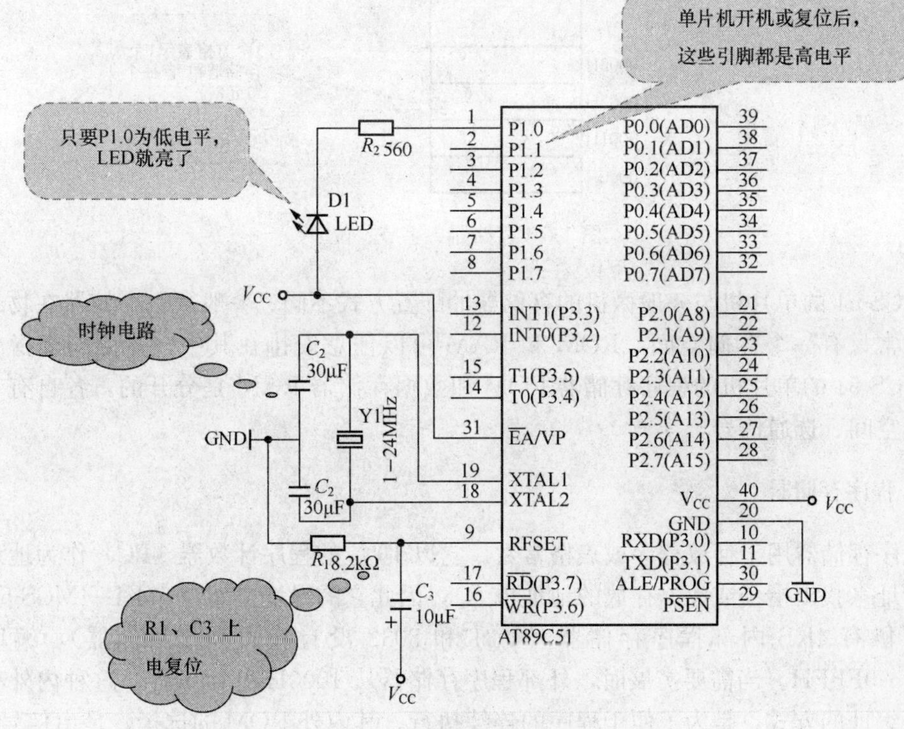

图 1-4　单片机应用电路

电路有独立的两部分供电系统，一个是利用USB接口，当单片机板通过USB接口与电脑连接时，电脑通过USB接口给单片机学习板供电，这个功能通常在在线编程时使用。此外，单片机学习板还提供了变压器接口、整流电路、滤波和稳压电路，可以利用变压器使用外部220V交流电作为电源，作为单片机脱机运行程序时使用的电源。

图1-4单片机应用系统只利用单片机一个引脚P1.0控制D1发光二极管，当P1.0=1D1灭；P1.0=0，D1亮，我们可以通过编写程序，控制D1的亮灭情况。

知识拓展：MCS-51单片机的存储器

1. 存储器的含义

一个存储器就像一个个的小抽屉，一个小抽屉就相当于一个存储单元，即1字节(1byte)，一个小抽屉里有八个小格子，一个就相当于1位（1bit），如图1-5所示。

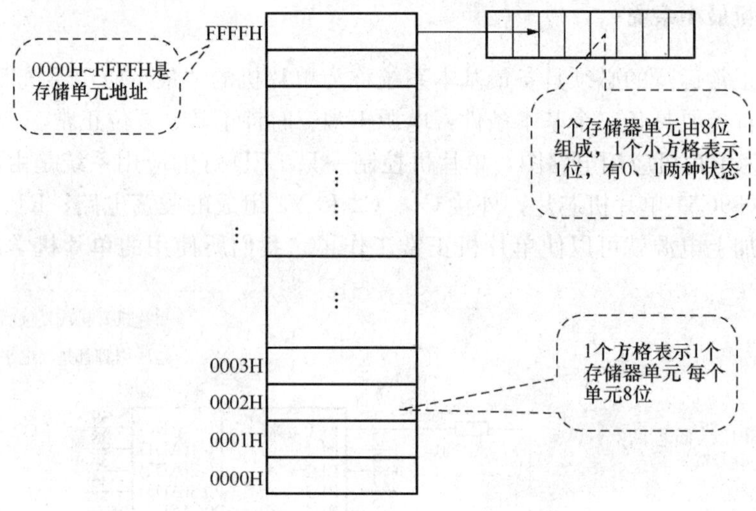

图1-5　存储器、字节、位

MCS-51的单片机与一般微机的存储器的配置方式不同。一般微机存储器在物理结构上通常只有一个存储空间，ROM和RAM可以任意安排在其中，并用同类指令访问，MCS-51的单片机的程序存储器ROM和数据存储器RAM是分开的，各自有专门的地址空间、选通信号。

2. 程序存储器

程序存储器用于存放程序或表格常数。它以16位的程序计数器（PC）作为地址指针来寻址（找出指令或数据存放的地址单元），因此它的寻址空间为64KB。MCS-51系列单片机有4KB内部程序存储器（8031和8032没有片内程序存储器），编址为0000H～0FFFH。当需要扩展时，外部程序存储器从1000H开始编址，这种内外存储器统一编址的方式，是为了便于程序的连续执行。其内外ROM的选择，是由信号EA来控制的，如图1-6所示。

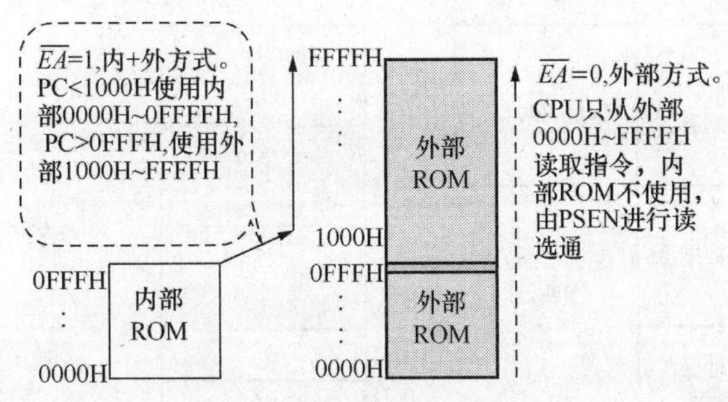

图1-6　单片机ROM

在程序存储器中某些特定单元是留给系统使用的，用户不能占用。当单片机复位后，程序指针PC为0000H，所以0000H单元是复位（程序）入口，CPU总是从0000H单元开始执行程序，通常在0000H～0002H单元安排一条无条件转移指令，使之能够转向主程序的入口地址去执行。

MCS-51单片机有5个中断源，0003H-002AH的单元分配给了中断程序，一共40个单元，均匀地分为5段，每段8个单元，分配给5个中断源相应的中断服务程序使用。

3. 单片机的数据存储器（RAM）

数据存储器RAM主要用来存放程序运行时的随机数据，故称为数据存储器。MCS-51数据存储器RAM有片内和片外之分，片内有00H～7FH共128B，52系列有00H—FFH高256B，高128B（80H～FFH）既是128BRAM又是特殊功能寄存器（SFR）区，两者地址重叠，但物理层分开，通过规定的寻址方式访问SFR。片外存储空间可以单独扩展到64KB，地址范围为0000H～FFFFH。使用RD/WR读写选通，用16位DPTR数据指针指示访问地址。

内部数据存储器
- 低128单元（00H～7FH）
  - 工作寄存器区
  - 位寻址区
  - 用户RAM区
- 高128单元（80H～FFH）→专用寄存器区

片内00H～7FH的128B划分为工作寄存器区、位寻址区、用户RAM区，如图1-7所示。

1）工作寄存器区00H～7FH。工作寄存器区（00H～7FH）共有32个RAM单元，分为四组，每组占8个RAM单元，记为R0～R7。R0～R7可以表示四组中任一组，仟一时刻，CPU只能使用其中一组工作寄存器，被使用的那组寄存器称为当前工作寄存器组。CPU复位后选中第0组为当前工作寄存器组，用户可以通过SFR中PSW的RSl、RS0位的状态决定哪一组为当前工作寄存器组。

若程序中并不需要4组，那么其余的寄存器空间可作为一般的数据缓冲器用。工

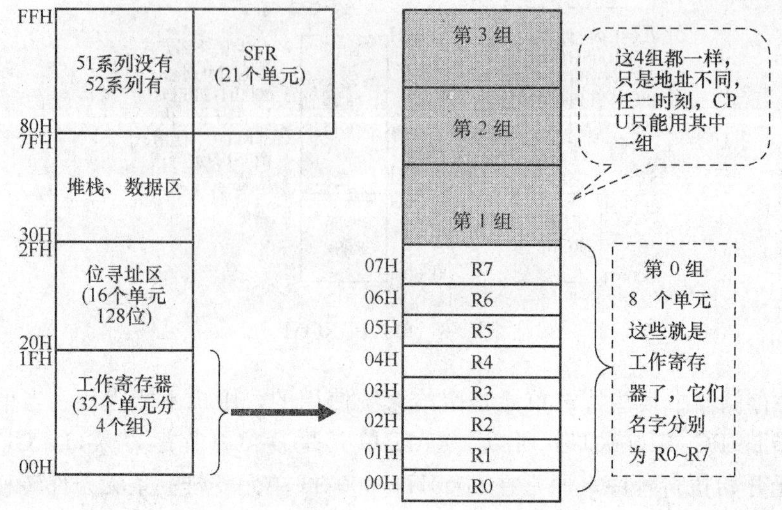

图 1-7　单片机的 RAM

作寄存器为 CPU 提供了便利的数据存储，提高了单片机的运行速度和编程的灵活性。根据需要 CPU 可随机更换当前工作寄存器组，此特点提高了现场保护和现场恢复的速度，对于提高程序效率和响应中断的速度是有利的。

2）位寻址区（20H～2FH）。工作寄存器上面的 16 个单元（20H～2FH）为具有双重功能的位寻址区，既可以作为一般 RAM 单元进行字节读写，也可以对每个 RAM 单元中的每一位进行读写操作，且这 16X8＝128 位中的每一位都分配了一个固定的位地址，位地址范围从 20H 单元的第 0 位 00H 开始到 2FH 单元的第 7 位 7FH 结束。

在使用中，位地址有两种表示方式，一种中位地址的形式，比如 2FH 字节单元的第 7 位可以表示为 7FH；另一种是以字节地址第几位的方式表示，比如同样是 2FH 字节单元的第 7 位还可以表示为 2FH. 7。注意，虽然位地址和字节地址的表现形式可以一样。

3）用户 RAM 区（30H～7FH）。在低 128B 单元中，工作寄存器占 32 个单元，位寻址区占 16 个单元，剩余 80 个单元就是供用户使用的一般 RAM 区，用于存放用户数据或作堆栈区使用。

通常把堆栈开辟在此区中，对一般的应用来说，堆栈只占用一般 RAM 区的少量字节单元。

考核与评价

完成任务考核与评价表 1-2。

表 1-2　考核与评价表

评价项目	评价内容	要求	配分	评分		
				自评	组评	师评
单片机应用	描述单片机的用途、领域	口头表达简洁清楚	20			
单片机组成	描述 8051 单片机引脚功能	口头表达简洁清楚，描述系统功能齐全	20			
电路绘图	描绘单片机最小系统电路	功能模块齐全；连接正确；描绘整洁	20			
单片机工作状态	单片机复位后，各引脚的状态描述	准确描述复位后四个输入输出口的状态	20			
安全操作规程与劳动纪律	遵守安全操作规程和劳动纪律，有良好的职业道德和职业习惯		10			
完成工作的表现	认真学习相关知识，积极完成工作任务，团队合作和谐		10			
个人体会	（掌握了哪些技能？学到了哪些知识？有哪些收获？）					
教师评价						

任务 1.2　认识单片机学习板

跟我做：认识单片机学习板

本次任务是认识单片机学习板的构成，了解各部分的功能作用。

任务设计指导

1. 准备工作

硬件准备：单片机学习板一块。

2. 任务实施

1）认识单片机学习板的组成，了解单片机控制的基本原理和关键器件的作用。

单片机学习板实物如图 1-8 所示。

图 1-8　单片机学习板实物图

2）对照电路原理，在单片机学习板上找出相应的器件。

单片机学习板原理图如图 1-9 所示。

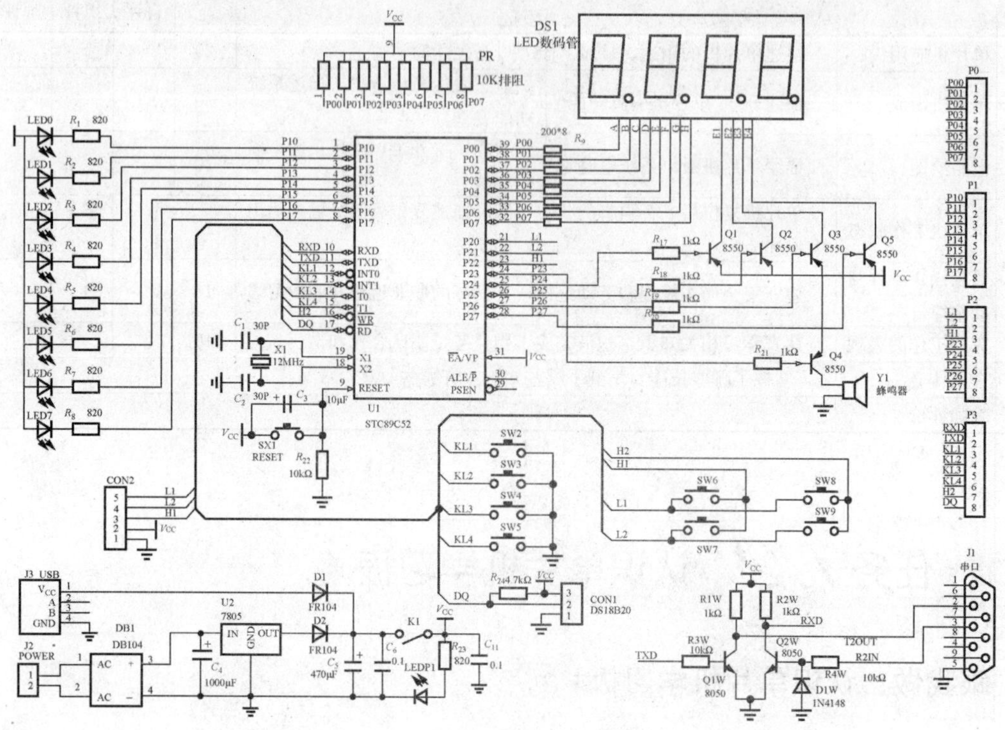

图 1-9　单片机学习板原理图

相关知识：单片机控制板基本认知

单片机控制板实物图如图 1-10 所示，主要有以下几部分组成。

图 1-10　STC89 单片机芯片

1. 单片机芯片

使用 STC89 单片机芯片，如图 1-10 所示。STC89 系列单片机是 MCS-51 系列单片

机的派生产品，它们在指令系统、硬件结构和片内资源上与标准 8052 单片机完全兼容。STC89 系列单片机高速（最高时钟频率 90MHz）、低功耗，在系统/应用可编程（ISP/IAP）中不占用户资源。

2. 时钟、复位及键盘电路

时钟、复位及键盘电路原理图及实物图如图 1-11（a）～（e）所示。

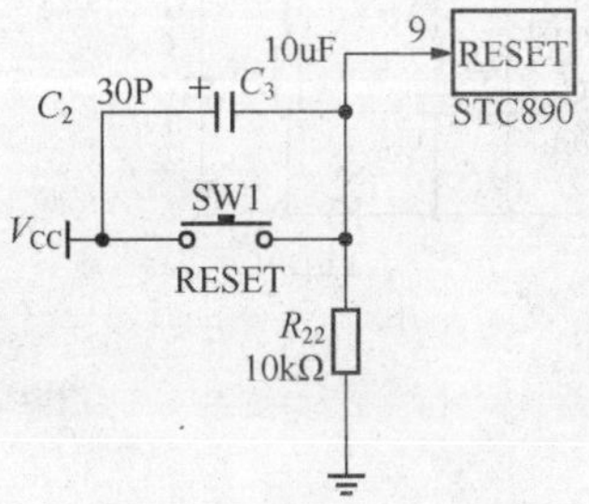

(a) 复位电路原理

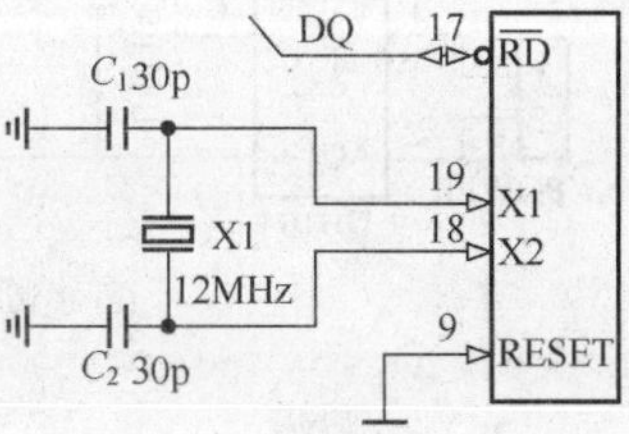

(b) 时钟电路原理

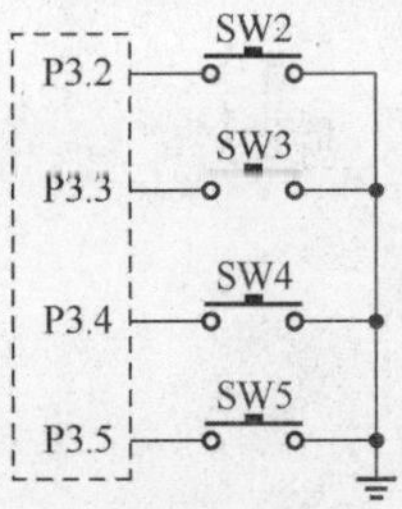

(c) 按键电路原理图

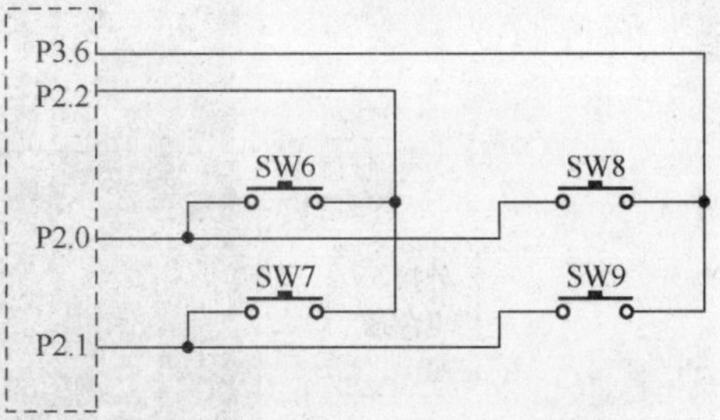

(d) 矩阵键盘电路原理

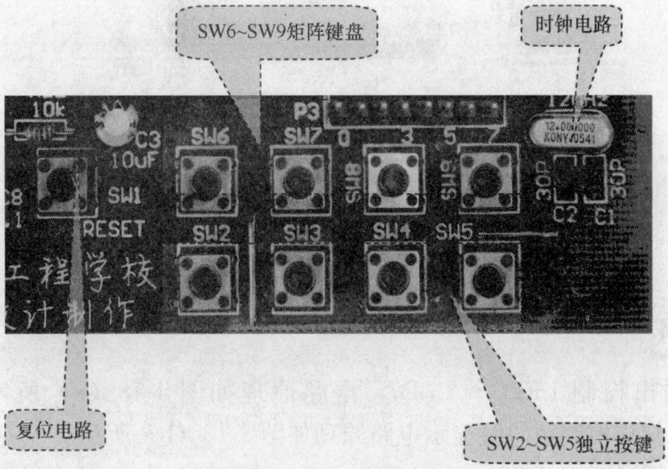

(e) 单片机学习板键盘、时钟和复位部分

图 1-11　学习板原理图

3. 电源电路

电路原理图及实物图如图 1-12（a）、（b）所示。

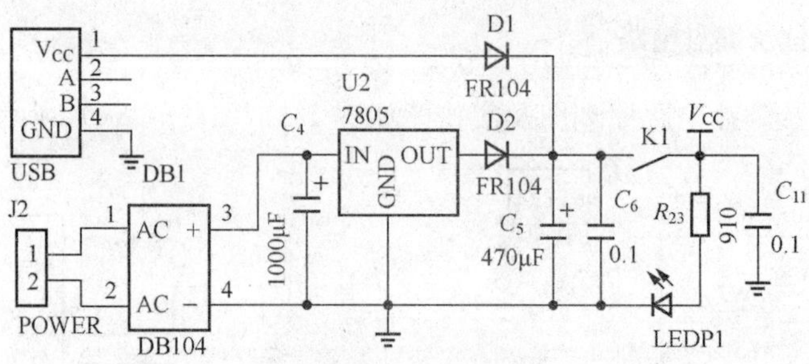

(a) 电源电路原理图

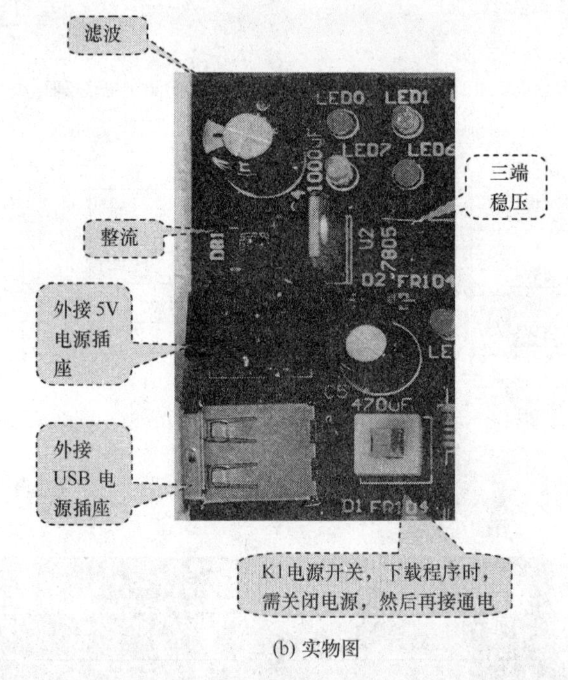

(b) 实物图

图 1-12　电源电路

4. 输出电路

用 P0 口输出控制 LED0～LED7，电路原理如图 1-13（a）所示；用 P0 口和 P2. 2～2. 7动态扫描控制数码管显示电路原理如图 1-13（b）所示。

5. 程序下载接口

下载接口电路如图 1-14（a）、（b）所示，包含一个串行接口和一个 MAX232 芯片。

LED显示
数码管显示
蜂鸣器
数码管位驱动
蜂鸣器驱动

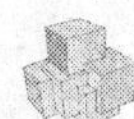

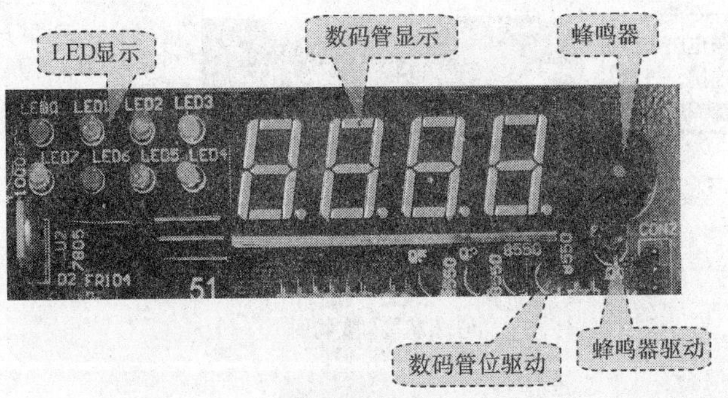

(a) 输出显示实物图

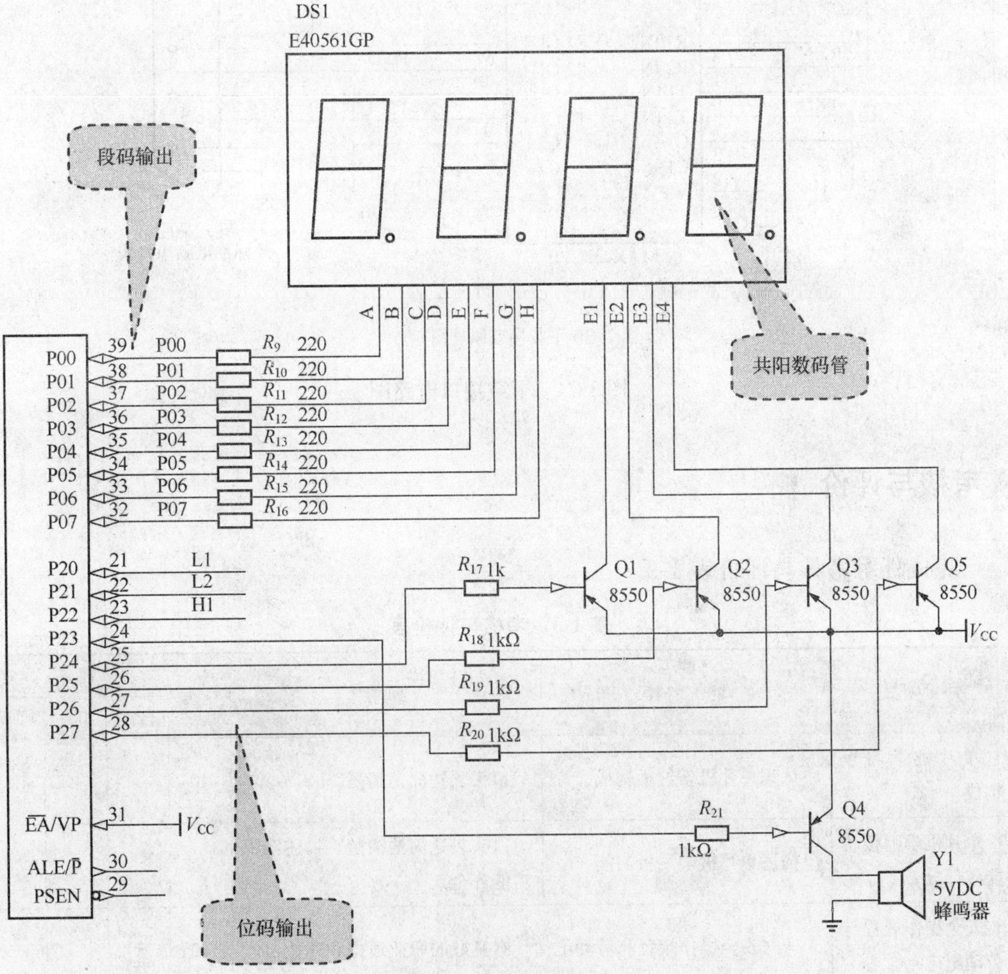

DS1
E40561GP
段码输出
共阳数码管
位码输出
A B C D E F G H
E1 E2 E3 E4
P00 P01 P02 P03 P04 P05 P06 P07
P20 P21 P22 P23 P24 P25 P26 P27
39 38 37 36 35 34 33 32
21 22 23 24 25 26 27 28
R9 220
R10 220
R11 220
R12 220
R13 220
R14 220
R15 220
R16 220
L1
L2
H1
R17 1k
R18 1kΩ
R19 1kΩ
R20 1kΩ
R21 1kΩ
Q1 8550
Q2 8550
Q3 8550
Q5 8550
Q4 8550
VCC
EA/VP
31
ALE/P
30
PSEN
29
Y1
5VDC
蜂鸣器

(b) 数码显示及蜂鸣器控制原理图

图 1-13　输出电路原理图

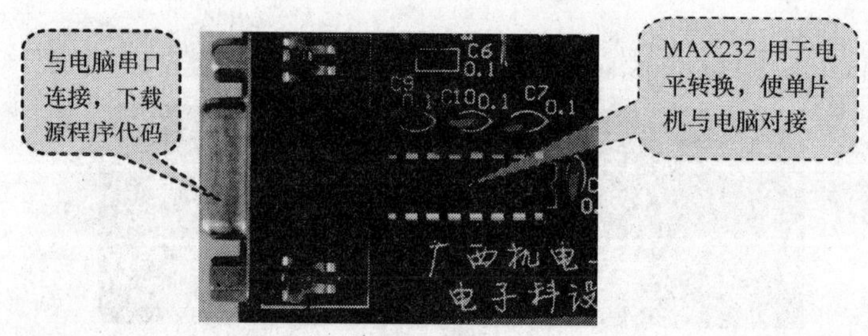

(a) 下载接口实物图

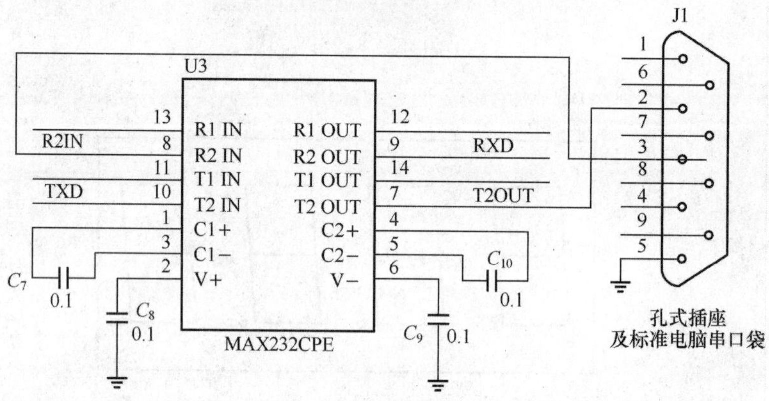

(b) 下载接口原理图

图 1-14　下载接口电路图

考核与评价

完成任务考核与评价表 1-3。

表 1-3　考核与评价表

评价项目	评价内容	要求	配分	评分		
				自评	组评	师评
单片机学习板构成	认识单片机学习板构成	口头表达简洁清楚	40			
单片机学习板功能各部分	描述单片机学习板功能	口头表达简洁清楚，描述系统功能齐全	40			
安全操作规程与劳动纪律	遵守安全操作规程和劳动纪律，有良好的职业道德和职业习惯		10			
完成工作的表现	认真学习相关知识，积极完成工作任务，团队合作和谐		10			
个人体会	（掌握了哪些技能？学到了哪些知识？有哪些收获？）					
教师评价						

任务1.3　点亮一盏LED灯

跟我做：点亮单片机学习板的 LED0

编写程序，使单片机开机或复位后，实现 LED0 灯亮。用 medwin 仿真软件编写调试程序，用 STC 下载软件将程序下载到单片机运，观察结果。

任务实施指导

1. 准备工作

1）了解单片机控制板的基本功能。

2）学会使用编译软件 Medwin v3.0（万利 V3）及下载软件 STC-ISP。

3）连接电源、下载线。

2. 任务实施

1）画出单片机控制原理图。

2）对照单片机学习板，找出 P1.0 引脚，R1，LED0 等元件。

3）熟悉掌握 Medwin v3.0（万利 V3）及下载软件 STC-ISP 的使用。

4）在电脑上建立自己的文件夹，将自己建立的工程文件、源程序等资料保存在自己的文件夹下。

5）参考程序如下：

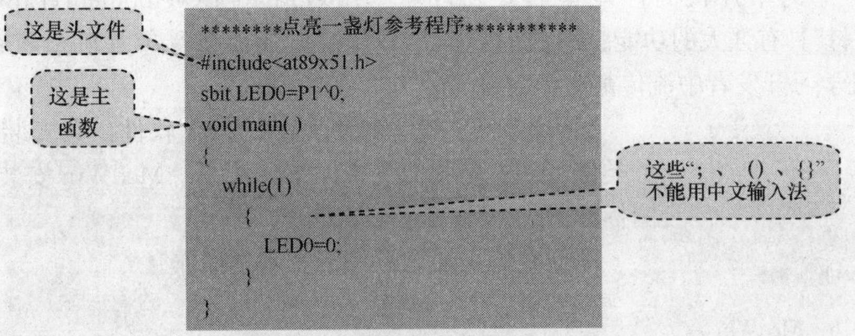


```
*********点亮一盏灯参考程序************
#include<at89x51.h>
sbit LED0=P1^0;
void main( )
{
  while(1)
    {
      LED0=0;
    }
}
```

6）在 Medwin 编译软件中输入参考程序，保存扩展名为 C 的文件，然后编译，生成一个扩展名为 hex 的文件。

7）利用 STC-ISP 下载 hex 文件到单片机。

8）观察单片机的运行效果。

相关知识：点亮 LED 灯的原理及应用软件

1. 点亮 LED0 的原理

图 1-4 单片机应用系统只利用单片机一个引脚 P1.0 控制 D1 发光二极管，当 P1.0=1D1 灭，P1.0=0，D1 亮，我们可以通过编写程序，控制 D1 的亮灭情况。

本案例的 LED 控制接线图如图 1-15 所示。

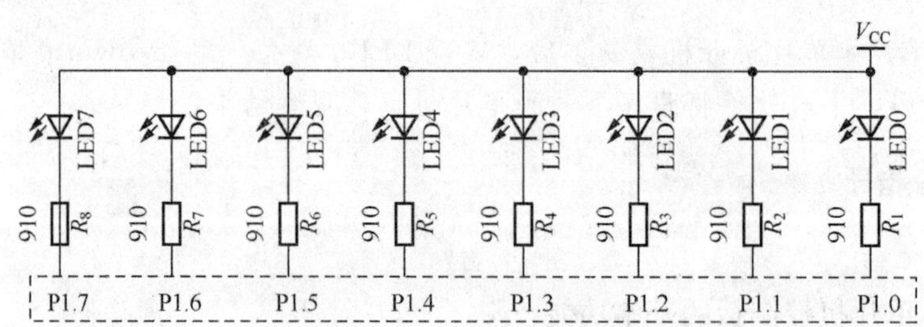

图 1-15 LED 控制原理图

由图 1-15 可以看出，P1.0～P1.7 为低电平时，LED0～LED7 亮，高电平则灭。由于单片机复位后，P0～P3 均为高电平，控制板刚通电，LED0～LED7 是不亮的。

参考程序中，LED0＝0，就是使 P1.0 为低电平，所以下载程序后，开机运行，LED0 就亮了。

2. 编译软件 Medwin v3.0（万利 V3）的使用

MedWin 是万利电子有限公司开发的一款集编辑、编译/汇编源程序、在线及模拟调试为一体的单片机高性能集成开发环境（Integrated Development Environment，IDE）。因其具有强大的功能、简洁的界面、方便的操作而备受单片机学习者的喜爱，在单片机学习开发者中流传甚广。

图 1-16 MedWin 系统图标

MedWin 是一款标准的 Windows 软件，其安装和其他软件类似，在这里我们就不详细说明了。MedWin 安装后的系统图标如图 1-16 所示。

下面我们主要介绍一下其基本操作。

（1）设置 Medwin

第一次启动 MedWin，在它启动过程中会弹出一个窗口（图 1-17）叫做设备驱动管理器。在这里选择所使用的单片机类型，我们实验板上面用的是 51 系列单片机，如图 1-17 在 80c51 前面打勾，单击“确定”按钮。

选择好设备后界面变成图 1-18。

如图 1-18 所示选择“项目管理器”→“新建项目”弹出向导界面，进入第 1 步，如图 1-19 所示。选择设备驱动程序，我们用的是 51 系列单片机，则选择 51 单片机的驱动程序。如果使用的是其他型号的单片机，则在列表中选择相应型号的驱动程序。

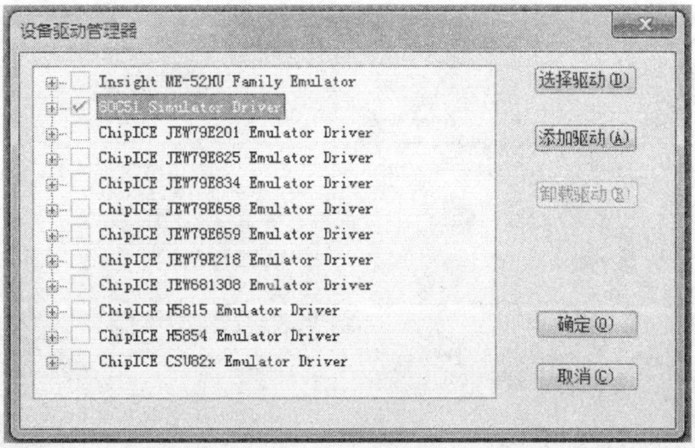

图 1-17　设备驱动管理器

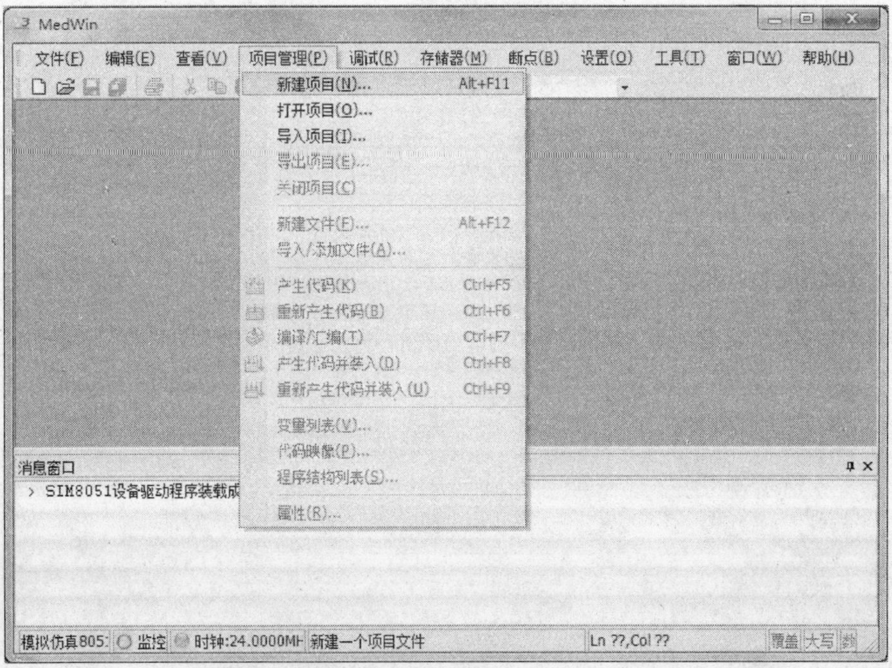

图 1-18　选择好设备后的界面

选择好驱动后单击“下一步”，进入第 2 步，如图 1-20 所示。

Medwin 的设计同时兼容了 OMF 和 UBROF 两种格式的编译工具，在这里我们选择基于 Keil C51 的 OMF 格式编译工具，单击下一步，解出如图 1-21 所示的对话框。

在第 3 步里面首先要设置项目的名称，例如：给项目取名叫“Project1”；“位置”里可以更改新建项目所生成的文件存放位置，用户可以根据自己的要求进行选择；“头文件路径”是指项目所用到的头文件所保存的位置，一般选择 Keil C 程序的头文件库目录，例如：C：\ Keil \ C51 \ INC，单击下一步，进入第 4 步，如图 1-22 所示。

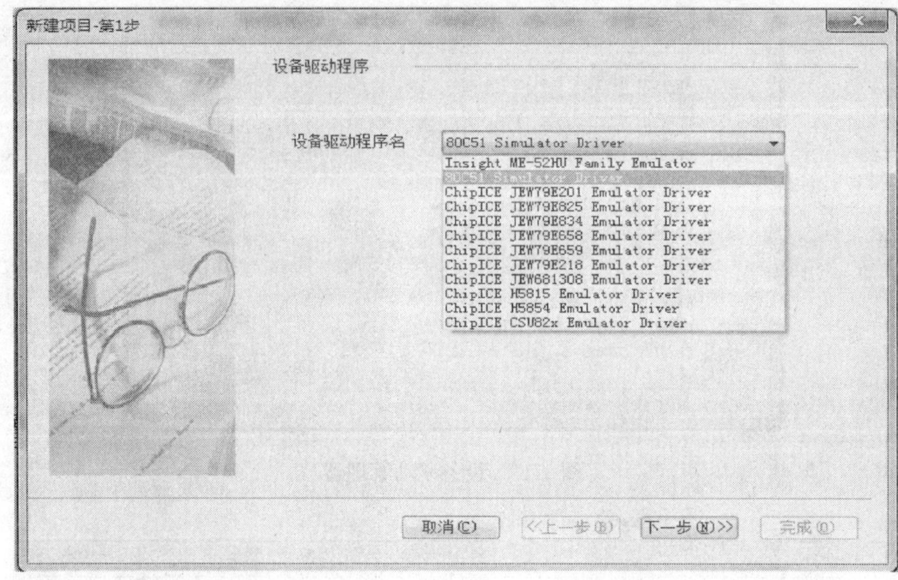

图 1-19 新建项目——第 1 步

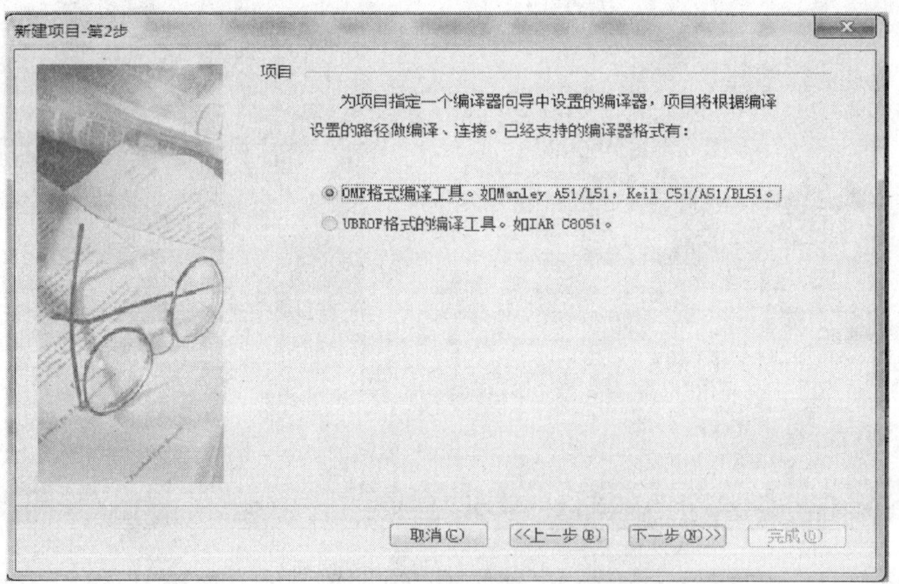

图 1-20 新建项目——第 2 步

在第 4 步里面有 5 个选项卡，分别是“目标”、“汇编语言”、“C 语言”、“连接控制”和“代码输出”，我们需要对“C 语言”和“代码输出”选项卡做了解，其他的可以不做改动。

在“C 语言”选项卡里面的“头文件路径”与第 3 步中的类似，一般选择 Keil C 程序的头文件库目录；“嵌入汇编”可以勾选，方便 C 程序嵌入汇编程序，此选项勾选与否对 C 编程没有影响。

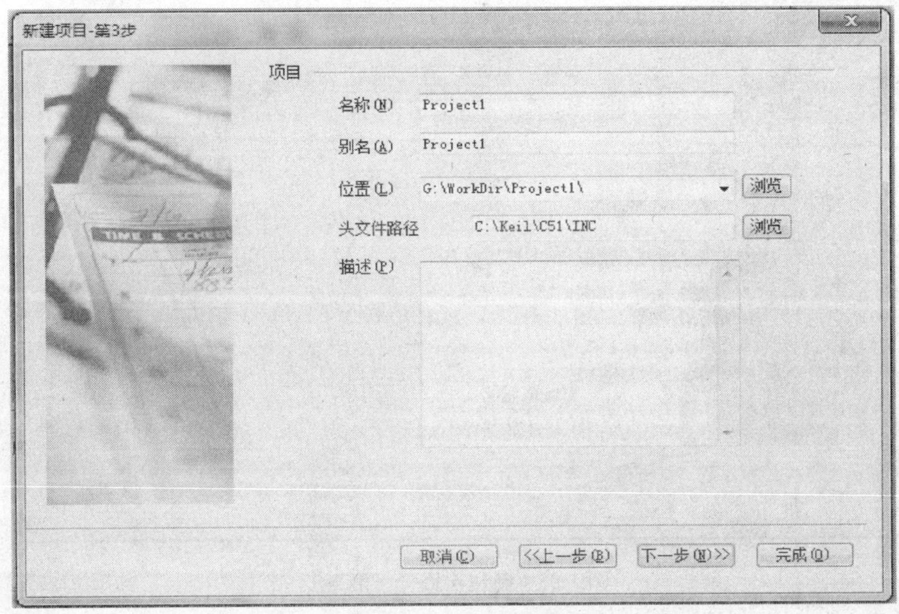

图 1-21　新建项目——第 3 步

新建项目-第4步
目标 | 汇编语言 | C语言 | 连接控制 | 代码输出
编译控制
头文件路径　C:\Keil\C51\INC\　浏览
Define
Undefine
杂项控制
不使用绝对寄存器
代码优化
优化级数　<default>　警告级别
优化内容　<default>　<default>
嵌入汇编
嵌入汇编(SRC)
命令行
DB OE SRC INCDIR(C:\Keil\C51\INC;C:\Keil\C51\INC\)
取消(C)　<<上一步(B)　下一步(N)>>　完成(O)

图 1-22　新建项目——第 4 步

其次是“代码输出”选项卡，如图 1-23 所示进行勾选。

这里要注意的是 Intel HEX 选项里面的路径（图中 G：\ WorkDir \ Project1 \ Output \ Project1. hex）要记住，当我们进行下载时使用的就是路径里面的文件（图中 Project1. hex 文件）。

单击“完成”，则程序如图 1-24 所示，项目配置完成。

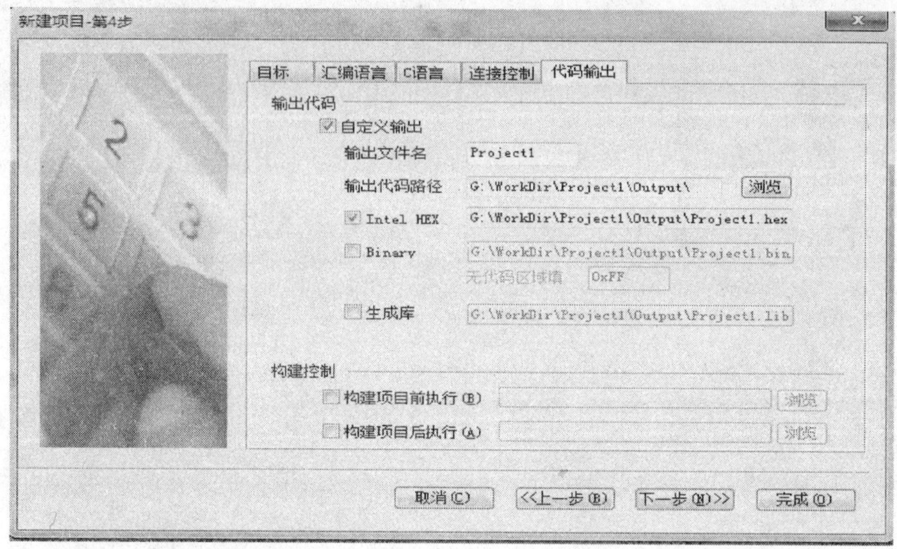

图 1-23　新建项目——第 4 步

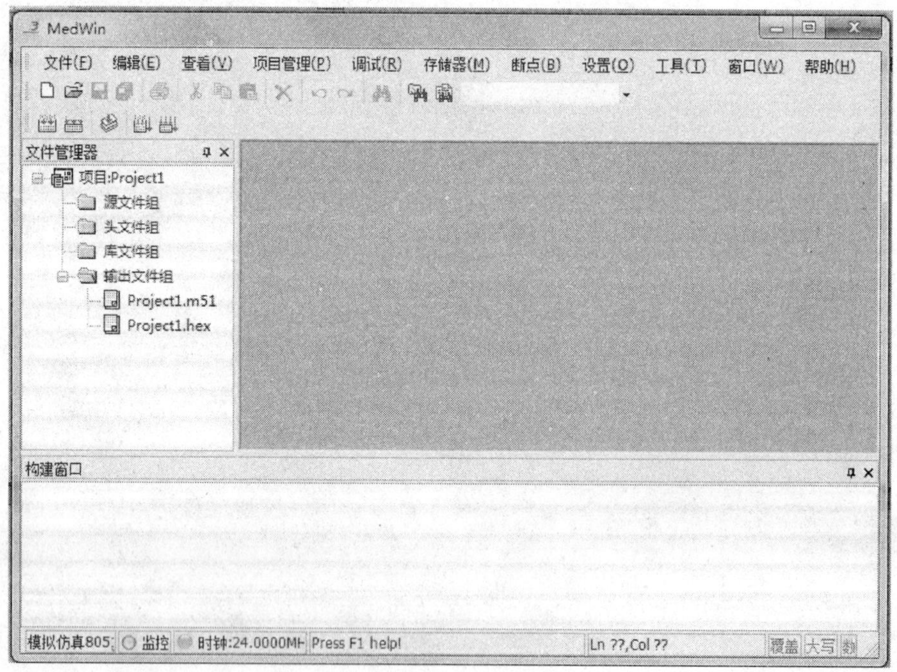

图 1-24　项目配置完成界面

由于 MedWin 默认状态下没有自己的 C 语言编译/汇编/连接器，这就需要借用 Keil C 的相关器件来完成编译/汇编/连接。我们在第一次启动的时候要手动设置这些，如图 1-24 所示单击“设置”选项卡下面的“设置编译工具”选项，出现配置窗口，如图 1-25 所示。

在“设置编译工具”选项卡里面选择“用户指定编译路径和环境”，下面的路径选

设置编译工具

设置编译器

系统默认的汇编器和连接器（使用汇编语言编程时，建议选择此项）

指定路径下的编译工具（使用C语言编程时，建议选择此项）

编译工具路径　选择路径

用户指定编译路径和环境（高级用户使用）

C编译器　C:\Keil\C51\BIN\c51.exe　浏览

汇编器　C:\Keil\C51\BIN\A51.EXE　浏览

连接器　C:\Keil\C51\BIN\BL51.EXE　浏览

INC路径　C:\Keil\C51\INC　选择路径

LIB路径　C:\Keil\C51\LIB　选择路径

确定(O)　取消(C)　应用(A)

图 1-25　设置编译工具

择套用 Keil C 程序的相关器件，如图 1-25 所示（如 Keil C 安装在其他盘，应做相应的调整）。

（2）新建一个“. C”文件

我们学习的是单片机的 C 语言应用，而 C 语言的文件扩展名为“. C”，首先第一步是建立一个“. C”文件，步骤如下：

单击“文件”选项卡中的“新建”选项，或者单击工具栏中的“🗋”图标，弹出一个无标题的文件，如图 1-26 所示。

图 1-26　无标题文件

之后单击“文件”选项卡中的“另存为”选项弹出窗口，如图 1-27 所示。

保存为

保存在(I)：Project1

名称	修改日期	类型
Debug	2010/9/15 20:11	文件夹
Output	2010/9/15 20:11	文件夹
System	2010/9/15 20:21	文件夹

文件名(N)：LAD1.c　保存(S)

保存类型(T)：所有文件 (*.*)　取消

图 1-27　“另存为”对话框

在这里可以选择文件的保存路径，没有特别说明的话一般为默认。要注意的是，在“文件名”这一栏内要给这个新建的文件取名字，取名后要手动将文件的扩展名写为“.C”格式，例如图1-27中文件名为“LAB1”，扩展名为“.C”，整个文件的名字就是“LAB1.C”，完成后单击保存，无标题的文件就会变成图1-28所示。

图1-28　命名文件标题

那么接下来我们就可以在这个文件里写C程序了，例如我们将点亮二极管的程序写到“LAB1.C”里，如图1-29所示。

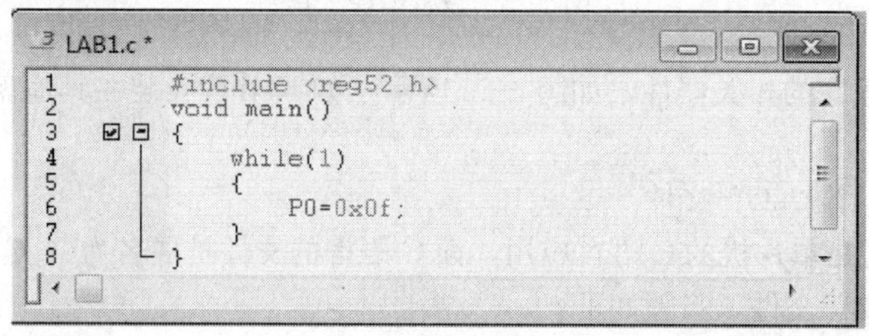

图1-29　编写程序

我们发现文件名LAB1.C右边有个小星号“*”，这表示文件未保存，没有保存的文件是不能够生成可下载的文件的，单击“文件”→“保存”进行保存，星号消失。

（3）生成可下载的“.HEX”文件

要把C文件转换成为可下载的HEX文件，首先要把C文件加入项目里面，如图1-30所示。

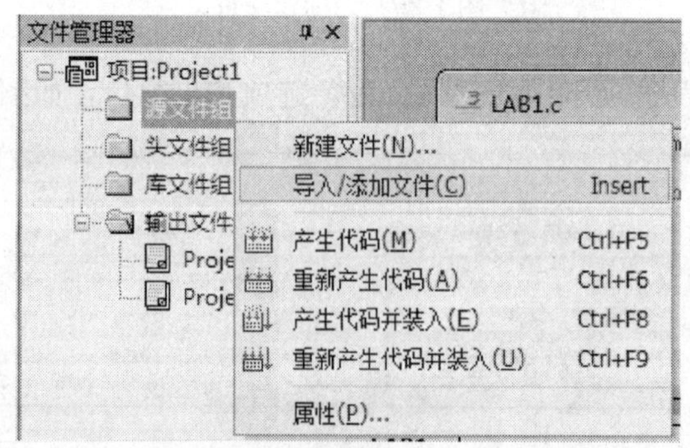

图1-30　把C文件加入项目

在文件管理器项目Project1下面的“源文件组”里面单击鼠标右键选择“导入/添加文件”会弹出个对话框，选择刚刚保存好的文件“LAB1.C”，“源文件组”变为

图 1-31所示。

其次要在“头文件组”里面加入所写的 C 程序用到的头文件（头文件的内容将在下面的项目里做介绍），在“头文件组”里面单击鼠标右键选择“导入/添加文件”，与上面方法类似（头文件的路径在 Keil C 里面，一般是“盘符”：\ Keil \ C51 \ INC），选择好之后，“头文件组”变为图 1-32。

图 1-31　源文件组　　　　图 1-32　头文件组

添加好之后选择“项目管理”选项的“产生代码”或者按热键“Ctrl+F5”，我们可以看到图 1-33 的构建窗口。

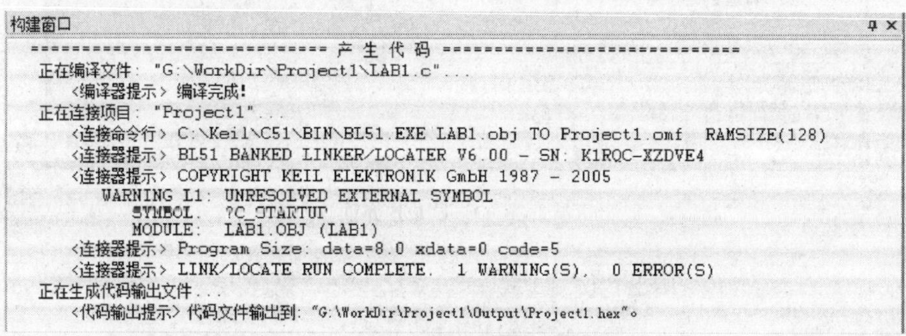

图 1-33　构建窗口

有这样的提示证明已经生成了可以被下载的 HEX 文件，如图 1-33 中 HEX 文件名叫做“Project1. hex”，其路径是“G：\ WorkDir \ Project1 \ Output \ Project1. hex”，我们通过这个路径就可以找到文件“Project1. hex”从而进行下一步的下载。

3. 下载软件 STC-ISP 的使用

STC-ISP 是一款单片机下载编程烧录软件，是针对 STC 系列单片机而设计的，可下载 STC89 系列、12C2052 系列和 12C5410 等系列的 STC 单片机，使用简便，现已被广泛使用。

其系统图标如图 1-34 所示。

图 1-34　STC-ISP 系统图标

1）打开 STC-ISP，如图 1-35 所示界面，在 MCU Type 栏目下选中单片机，实验板所使用的是 STC89C52 单片机，则选择 STC89C52RC。

2）根据实际的数据线连接情况选中 COM 端口，波特率一般保持默认，如果遇到下载问题，可以适当下调一些，按图 1-36 所示选中各项。

3）先确认硬件连接正确，按图 1-37 单击“打开文件”并在对话框内找到要下载的 HEX 文件。

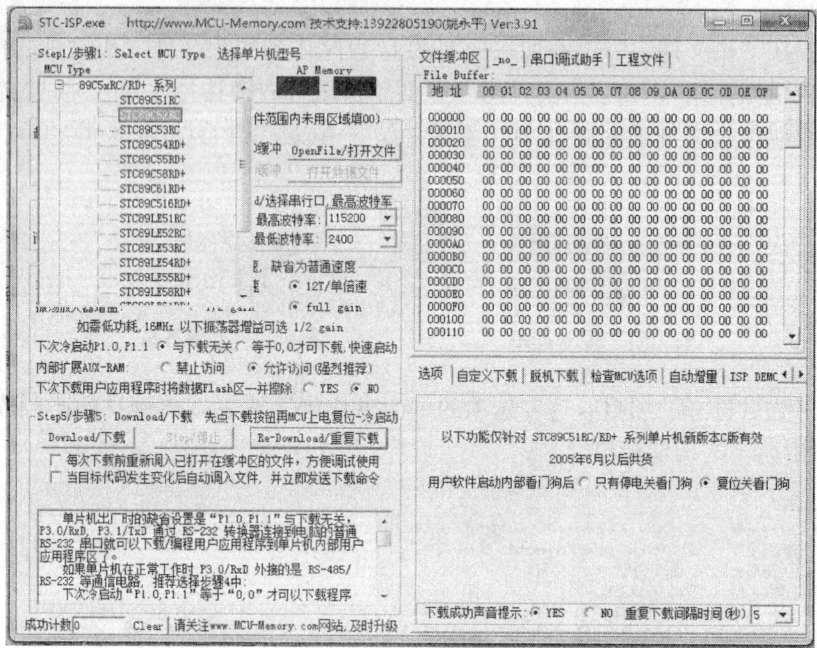

图 1-35　STC-ISP 界面

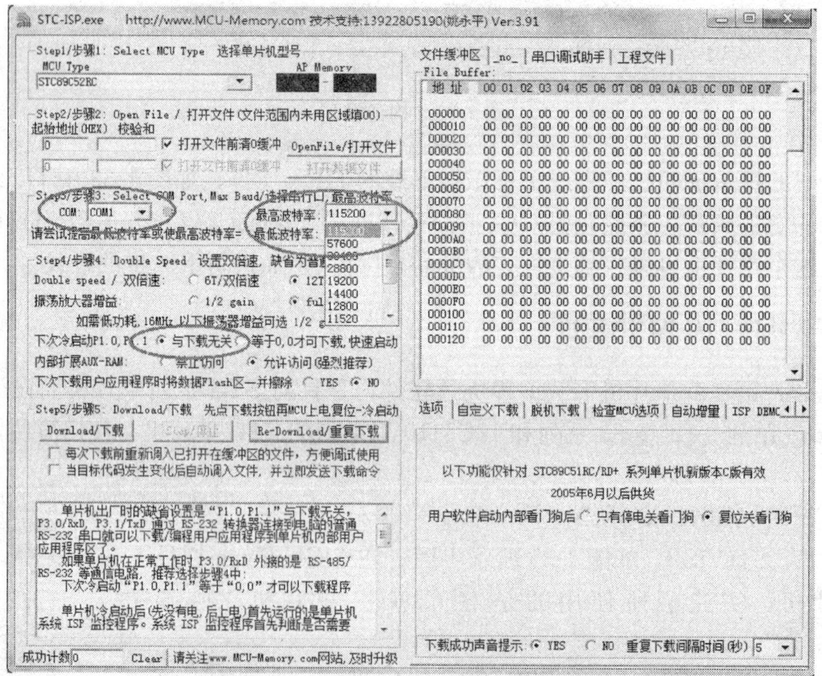

图 1-36　选中各项

例如上面例子中生成的 HEX 文件路径为“G：\ WorkDir \ Project1 \ Output \ Project1. hex”，我们则按照路径选择相应的文件。

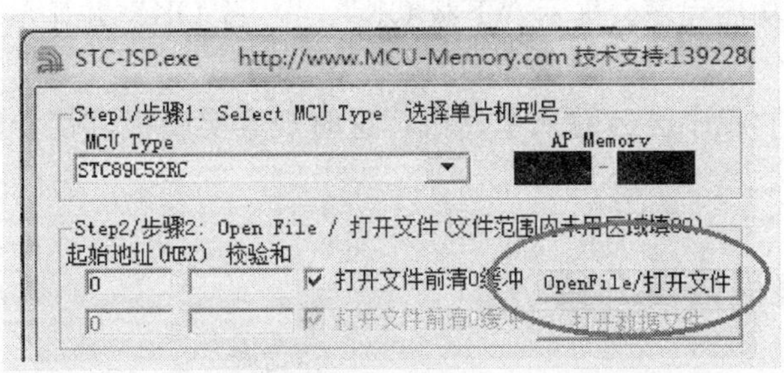

图 1-37　打开文件

4）单击“Download/下载”按键，将选择的 HEX 文件下载到单片机上，如图 1-38所示。

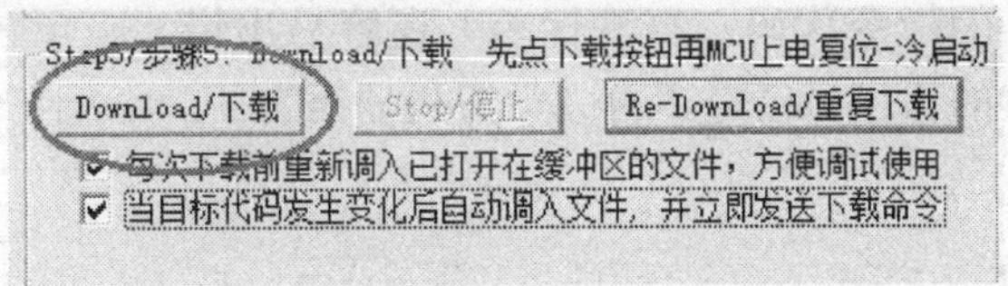

图 1-38　下载文件

5）下载成功后提示如图 1-39 所示。

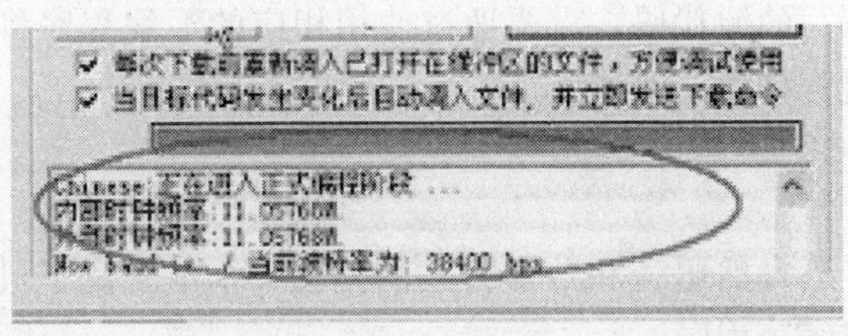

图 1-39　下载成功

连接成功后，程序会提示“正在进入正式变成阶段”，以及进度条显示程序下载的进度，如图 1-40 所示。

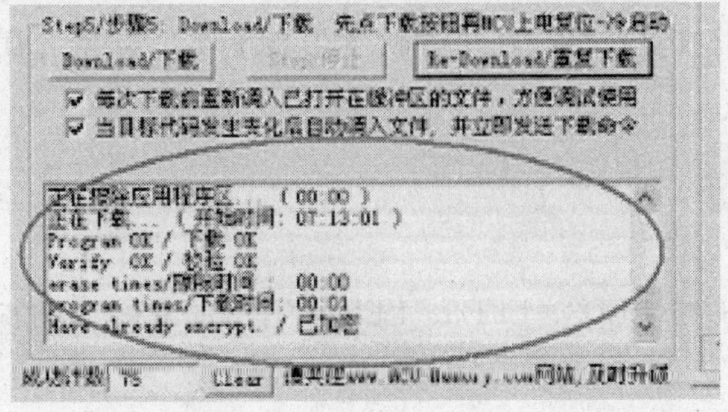

图 1-40　进入正式变成阶段

当程序下载成功后程序会提示“下载 OK”、“校验 OK”并显示下载时间和“已加密”。

下载成功后证明程序已经写入单片机，这时观察实验板，就会显示出我们写程序所要达到的效果了。

知识拓展：编程语言介绍

单片机和计算机一样要有语言，计算机的语言主要有以下几种。

1. 机器语言

用二进制代码表示的计算机能直接识别和执行的一种机器指令的集合。由于编出的程序全是些 0 和 1 的指令代码，直观性差，还容易出错。除了计算机生产厂家的专业人员外，绝大多数的程序员已经不再去学习机器语言了。

2. 汇编语言

汇编语言是一种用于电子计算机、微处理器、单片机或其他可编程器件的低级语言，在不同的设备中，汇编语言对应着不同的机器语言指令集。一种汇编语言专用于某种计算机系统结构，而不像许多高级语言，可以在不同系统平台之间移植。

使用汇编语言编写的源代码，需要通过使用相应的汇编程序将它们转换成可执行的机器代码，这一过程称为汇编过程。

3. 高级语言

高级语言是较接近自然语言和数学公式的编程，基本脱离了机器的硬件系统，用人们更易理解的方式编写程序。

本书使用的是单片机 C 语言，如本项目案例给出的参考程序就是单片机 C 语言。

动动手：点亮 LED1、LED3、LED5、LED7

编写程序使开机或复位后，在单片机学习板上实现点亮 LED1、LED3、LED5、LED7。

考核与评价

完成“点亮 LED1、LED3、LED5、LED7”任务的考核与评价表 1-4。

表1-4 考核与评价表

评价项目	评价内容	要求	配分	评分		
				自评	组评	师评
系统硬件组成	理解本次任务所使用的硬件器件和占用单片机的I/O口	描述正确	10			
软件的设计	程序的编写简洁，功能实现完整	LED1、LED3、LED5、LED7亮	40			
		其他灯灭	10			
		程序简洁明了，容量小	5			
系统的调试	调试软件和下载软件的使用	熟悉调试软件\下载软件的操作步骤；根据调试软件的提示修改错误；能根据观察结果修改程序	15			
安全操作规程与劳动纪律	遵守安全操作规程和劳动纪律，有良好的职业道德和职业习惯		10			
完成工作的表现	认真学习相关知识，积极完成工作任务，团队合作和谐		10			
个人体会	（掌握了哪些技能？学到了哪些知识？有哪些收获？）					
小组评价						
教师评价						

项目 2 设计LED电子广告牌

项目任务与目标

项目包含的工作任务

项目主要实现对 LED 的简单控制，本项目包含三个工作任务：

1. 设计 LED 闪烁控制系统
2. 设计流水灯控制系统
3. 设计电子广告牌系统

项目应达到的教学目标

通过以上三个工作任务的实训，应达到以下几个教学目标：

1. 掌握二进制数、位定义 sbit
2. 掌握十六进制数、数据类型、存储类型
3. 掌握 C 语言中 for 语句、延时程序、主函数和子函数的概念

LED 在我们生活中有着非常广泛的应用，LED 显示屏、交通信号显示光源、汽车用灯包含汽车内部的仪表板、音响指示灯、开关的背光源、阅读灯和外部的刹车灯、尾灯、侧灯以及头灯等。尤其是在广告牌的应用上，LED 广告牌的花样繁多，设置简单，因此得到非常广泛的应用。

在本项目中，我们主要是学习如何利用单片机去实现 LED 广告牌的花样，如闪烁灯、流水灯等。

LES显示

LES显示屏

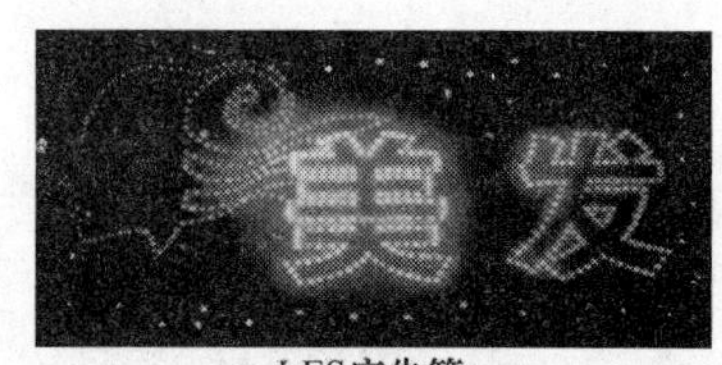

LES广告箱

任务2.1　设计LED闪烁控制系统

【任务背景描述】

在我们身边随处可见电子广告牌，例如百货大楼上的户外广告箱、杂货店门口挂的电子广告牌以及节假日挂在树上用来装饰的灯条等，其实都是由 LED 灯连接而成的。

跟我做：让 LED0 闪烁

开机或复位后，在单片机学习板上实现 LED0 不停闪烁的效果。

任务设计指导

1. 准备工作

(1) 硬件准备

单片机学习板一块，USB 线和数据线一套，电脑一台。

(2) 软件准备

medwin 仿真软件和 STC 下载软件。

2. 任务实施

1) 在单片机学习板上思考所需要的元器件，填写占用的单片机 I/O 口（表 2-1）。

表 2-1　占用的单片机 I/O 口

使用的元器件	占用的单片机 I/O 口

2) 要 LED0 闪烁其实就是让 LED0 反复“亮—灭”，在项目 1 中我们已经学会点亮、熄灭 LED0，因此只要在程序中反复的让单片机的 P1.0 交替输出“0”和“1”就可以让 LED0 闪烁发光。

需要注意的是，如果只是让 LED0 反复的“亮—灭”并不能达到闪烁的目的，应该怎么做呢？

主函数流程如图 2-1 所示。

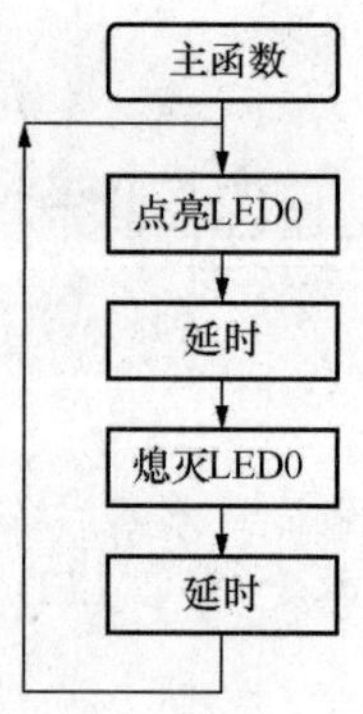

图 2-1　LED0 闪烁参考流程图

```
/*****************LED0 闪烁参考程序**************/
#include<at89x51.h>
sbit L1 = P1^0;  //将 P1.0 脚命名为 L1
void delay()     //延时子函数
{
  unsigned inti;
  for(i = 0;i<50000;i + + )  //循环
  {
    ;        //空操作
}
void main()  //主函数
{
  L1 = 0;
  ys();  //调用延时子函数
L1 = 1;
  ys();
}
```

3）利用 STC-ISP 下载 hex 文件到单片机，观察单片机的运行效果。

相关知识：C51 编程语言基本认知

1. 二进制

二进制是计算技术中广泛采用的一种数制，当前的计算机系统使用的基本上是二进制系统。二进制数的书写通常在数的右下方注上基数 2，或在后面加 B 表示，如 1001_2或者 1010_B。

特点：

1）由两个基本数字 0，1 组成。

2）二进制数运算规律是“逢二进一”，借位规则是“借一当二”。

2. 位定义

在项目1中我们知道，要点亮LED0，只要单片机的P1.0脚输出一个低电平信号即可。在C51里，如果直接写P1.0=0，C编译器并不能识别，而且P1.0也不是一个合法的C语言变量名，所以得给它另起一个名字，比如L1，在这里可以通过sbit进行定义。

sbit用来定义位寻址对象，当访问单片机中特殊功能寄存器中的某位，如要访问P1口的第2个引脚P1.1，可以通过下面的方法进行定义。

(1) 格式：sbit 位变量名=地址值

sbit P1_1=0x91

“P1_1”是变量名，“0x91”是位地址，该语句是把位的绝对地址赋给位变量。

(2) 格式：sbit 位变量名=特殊功能寄存器名称^变量位地址值

sbit L1=P1^1

“L1”是变量名，变量名可以自己取名，该语句是把P1.1脚“取名”为L1，所以在后面的程序中，使用L1就相当于使用P1.1脚。

(3) 格式：sbit 位变量名=字节地址值^变量位地址值

sbit X=0x90^1

“X”是变量名，“0x90”是字节地址，该语句是将地址为0x90的字节中的第一位“取名”为X。

3. C51的函数

函数是能够实现特定功能的代码段。函数与变量一样，在使用前必须进行说明，说明函数是什么类型的函数。C51对函数的定义格式为：

函数返回值　函数名（函数中参数列表）存储模式　中断/递归函数 using n

一般情况下，大多数函数定义时都省略了最后三项，存储模式、中断/递归函数和using n，在后面必要时再给大家介绍。

格式说明：

函数返回值，指整个函数运行结束后返回给C51系统一个值，它的类型与变量类型一样，常用的有void（无值返回型）。该项也可以省略，若省略该项，则系统默认函数的返回值是一个整型值。

函数名，通常自己命名，但是主函数名必须是main。

函数中参数列表，指在函数中使用的参数，简单来说就是函数中使用的变量类型可以在此定义声明，该项可以省略。

例2.1

```
void delay()
```

注释：void为函数的返回值，为无返回值型；delay为函数名称。()内为空，省略了参数列表。

（1）主函数

一个C51程序通常由一个主函数和若干个函数构成。其中，主函数即main（）函数。一个C51源程序必须有，且只能有一个主函数main（）。

C51程序的执行总是从main函数开始（不论其在程序中书写的位置），完成对其他子函数的调用后再返回到主函数，当主函数执行完毕时，程序也就执行完毕。主函数可以调用其他函数，其他函数之间也可以相互调用。

常用主函数的格式：

```
void main()
{
….
}
```

（2）子函数

子函数类似于汇编语言的子程序，完成一些使用较频繁且比较通用的功能。子函数一般由自己编写，同时C语言提供大约100多个常用子函数（常称为库函数）。

例2.2

```
#include<at89x51.h>
sbit L1 = P1^0;
void delay()      //延时子函数,名字为delay
{
  unsigned inti;
  for(i = 0;i<50000;i + +)
  {
   ;
}
}
void main()  //主函数
{
  L1 = 0;
  delay();  //当需要延时的时候,只要写出它的名字delay(),就是调用整个延时子函数
L1 = 1;
  delay();
}
```

4. C语言数据类型

具有一定格式的数字或数值叫做数据。数据是计算机操作的对象，无论使用哪种语言、算法进行程序设计，最终在计算机内部运行的其实都是数据流，因此任何程序设计都离不开对于数据的处理。数据的不同存储格式称为数据类型；数据按一定的数

据类型进行排列、组合、架构则称为数据结构，数据在计算机内存中的存放情况由数据结构决定。

例如：unsigned int 为无符号整型变量，用于存放 16 位二进制数据，其值域范围为 0～65535。

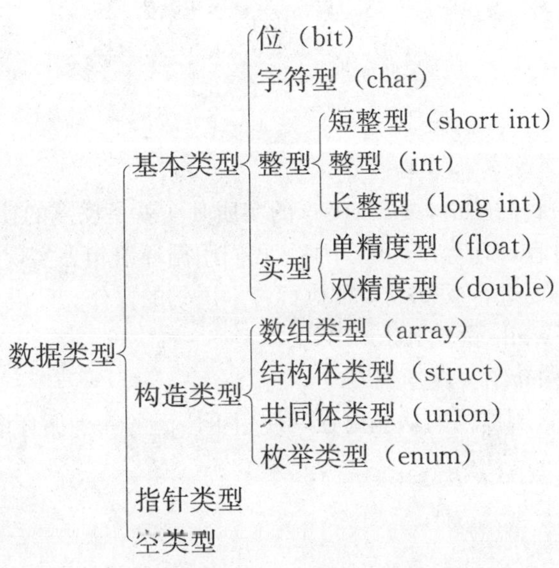

5. C 语言变量

在程序运行过程中其值可以变化的量称为变量。每一个变量都对应存储器中相应的存储单元，在该单元中存放变量的值。

（1）变量的定义

变量定义的一般形式如下：

类型　变量名表；

【注意】类型必须是 C 语言的有效数据类型。

变量名表可以是一个或多个标识符名，中间用逗号分隔，最后以分号结束。

```
例 2.3
int i,j,num;           //定义 i、j 和 num 为有符号整型变量
float a,b,sum;         //定义 a、b 和 sum 为浮点型变量
unsigned int ui;       //定义 ui 为无符号整型变量
char c,ch.name;        //定义 c、ch 和 name 为字符型变量
double x,total;        //定义 x 和 total 为 double 型变量
```

（2）变量的初始化

程序中常需要对一些变量预先设置初值，这就是变量的初始化。C 语言规定，可以在定义变量的同时，使变量初始化。变量初始化只需定义变量时在变量名后面加一赋值号及一个常数。它的一般形式是

类型　变量名=常数；

```
例 2.4
char ch = 'a';            //声明字符型变量 ch 并初始化赋值
int first = 0;            //声明整型变量 first 并初始化赋值
float x = 123.45;         //声明字符浮点型变量 float 并初始化赋值
```

6. for 语句

在前面的学习中我们知道，LED 闪烁的实质其实就是反复的让 LED 执行“亮—延时—灭—延时”的过程，在程序的编写中，我们用循环语句去实现这一反复的过程。

循环语句用于需要进行反复或多重执行若干语句的操作。C 语言中包括 3 种循环语句：while 语句、do-while 语句和 for 语句。

(1) for 语句结构介绍

for 语句是 C 语言所提供的功能更强，使用更广泛的一种循环语句。其一般形式为

```
for(表达式 1;表达式 2;表达 3)
{
    循环体语句;
}
```

表达式 1：给循环变量赋初值，一般是赋值表达式。

表达式 2：循环条件，一般为关系表达式或逻辑表达式。

表达式 3：用来修改循环变量的值，一般是赋值语句。

这三个表达式都可以是逗号表达式，即每个表达式都可由多个表达式组成。三个表达式都是任选项，都可以省略。

(2) for 语句执行过程

如图 2-2 所示，for 语句的执行过程如下：

1) 先求解表达式 1。

2) 求解表达式 2，若其值为真（非 0），则执行循环体语句；若其值为假（0），则结束循环，跳转至第⑤步。

3) 求解表达式 3。

4) 转至第②步继续执行。

5) 循环结束，执行 for 语句下面的一个语句。

(3) for 语句最简单的应用形式

for 语句最简单的应用形式也是最容易理解的形式如下：

```
for(循环变量赋初值;循环条件;循环变量增量)
{
    要循环的语句;
}
```

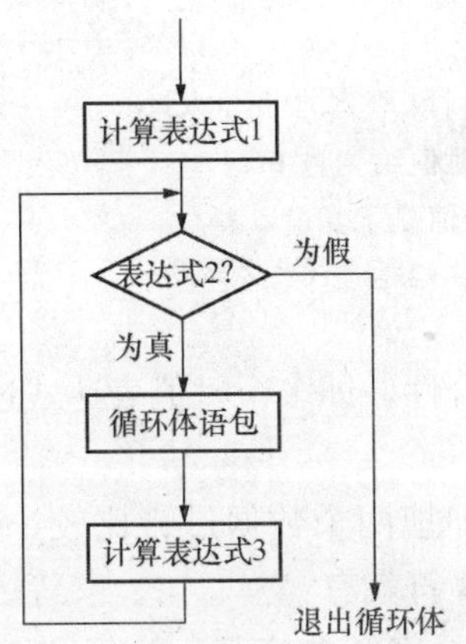

图 2-2　for 语句的执行过程

循环变量赋初值：总是一个赋值语句，它用来给循环控制变量赋初值。

循环条件：是一个关系表达式，它决定什么时候退出循环。

循环变量增量：定义循环控制变量每循环一次后按什么方式变化。

例 2.5

```
for(i = 1;i< = 100;i + + )
{
sum = sum + i;
}
```

注释：例 2.5 先给 i 赋初值 1，判断 i 是否小于等于 100，若是则执行语句，之后值增加 1，再重新判断，直到条件为假，即 i>100 时，结束循环。

7. 运算符知识之一

运算符就是完成某种特定运算的符号，C51 的运算符有赋值运算符、关系运算符、算术运算符、位运算符、逻辑运算符等，本次任务使用了赋值运算符、关系运算符和算术运算符。

(1) 赋值运算符

用“＝”表示赋值运算符。

利用赋值运算符将一个变量与一个数值或表达式连接起来的式子为赋值表达式，格式如下：

变量＝数值；

或

变量＝表达式；

```
例 2.6
  a = 0xFF;        //将十六进制数 FF 赋于变量 a
  b = c = 33;      //同时将 33 赋值给变量 b,c
  d = e;           //将变量 e 的值赋于变量 d
  f = a + b;       //将表达式 a + b 的值赋于变量 f
```

赋值运算符结合性为右结合性，即多个赋值表达式连排时，从右向左赋值。

(2) 关系运算符

关系运算就是比较运算，即把两个数据进行比较，判断两个数据是否符合给定的关系。本次任务使用的关系运算符就有：=、>、<等。

例如：表达式（i<=100），表示拿变量 i 的值和 100 比较，是否是<=的关系，如果是，则表达式（i<=100）结果为真，如果不是，则表达式（i<=100）结果为假。

(3) 算术运算符

算术运算符就是用来处理四则运算的符号，这是最简单，也最常用的符号，尤其是数字的处理，几乎都会使用到算术运算符号。

例如：i++，先使用变量的值然后再使变量的值加 1。

知识拓展：数制及编程语言拓展介绍

1. 数制知识介绍

数制也称计数制，是指用一组固定的符号和统一的规则来表示数值的方法。常用的数制有二进制、十进制、十六进制等。

(1) 常用的数制

1) 十进制。

在日常生活中，人们通常使用的是十进制。十进制数的书写通常在数的右下方注上基数 10，或在后面加 D 表示，如 12_{10}或者 12_{D}。

特点：

① 由 0～9 十个基本数字组成。

② 十进制数的运算规律是“逢十进一”，借位规则是“借一当十”。

2) 二进制。

二进制是计算技术中广泛采用的一种数制，当前的计算机系统使用的基本上是二进制系统。二进制数的书写通常在数的右下方注上基数 2，或加后面加 B 表示，如 1001_{2}或者 1010_{B}。

特点：

① 由两个基本数字 0，1 组成。

② 二进制数运算规律是“逢二进一”，借位规则是“借一当二”。

二进制数据的表示法：

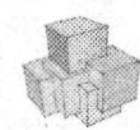

二进制数据也是采用位置计数法，其位权是以 2 为底的幂。

例 2.7

二进制数据 110.11

每个数(不论小数点左边还是右边)都称为一个位，该数共有 5 个位，每一位都代表一个不同的权。

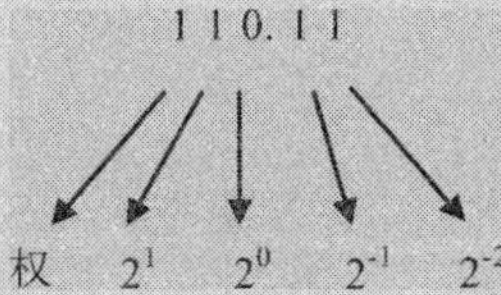

(2) 二进制与十进制间的转换

① 二进制转十进制。

“按权展开求和”：每个位乘上相对应的位权，然后将结果累加。

例 2.8

$(1111000)_B$

$=(1\times2^6+1\times2^5+1\times2^4+1\times2^3+0\times2^2+0\times2^1+0\times2^0)_D$

$=(64+32+16+8+0+0+0)_D$

$=(120)_D$

例 2.9

$(10011.01)_B$

$=(1\times2^4+0\times2^3+0\times2^2+1\times2^1+1\times2^0+0\times2^{-1}+1\times2^{-2})_D$

$=(16+0+0+2+1+0+0.25)_D$

$=(19.25)_D$

② 十进制转二进制。

十进制整数转二进制数：“除二取余法”，即除以 2 取余数，将余数逆序排列。

例 2.10

$(89)_D$

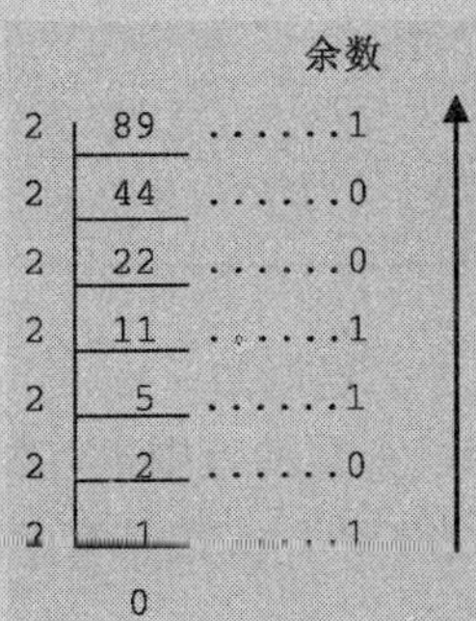

$(89)_D=(1011001)_B$

十进制小数转二进制数：“乘二取整法”，即乘以 2 取整数，将整数顺序排列。把十进制的小数乘以 2，得到积后，取走积的整数部分保留看，剩下的小数部分再乘以 2，直至最后取完整数部分后只剩下 0 为止。

```
例 2.11
(0.625)D
   0.625×2=1.25……..1
   0.25×2=0.50……...0
   0.5×2=1.00……..1
(0.625)D=(0.101)B
```

2. C 语言变量

每一个变量都有一个变量名来标识，其命名规则同标识符的命名规则。要注意区分变量名和变量值是两个不同的概念。变量名实际上是一个符号地址，是在编译连接时由系统分配给每一个变量的内存地址。变量的值实际上是这个存储单元中存放的数据。

变量名的命名规则：

1）变量名只能由字母、数字和下划线三类字符组成。

2）第一个字符必须是字母（第一个字符也可以是下划线，但被视作系统自定义的标识符。

3）大写字母和小写字母被认为是两个不同的字符，如 I 和 i 是两个不同的变量名。

4）变量名不能是 C51 的关键字。

（1）基本变量类型（表 2-2）

表 2-2　基本数据类型、长度、值域对照表

类型	二进制位长度	值域
char	8	－128～127
int	16	－32768～32767
float	32	3. 4e 38～3. 4e＋38
double	64	1. 7e－308～1. 7e＋308
void	0	valueless

字符型（char）变量用于存储 ASCII 码字符，也可存储 8 位二进制数。

整型（int）变量用于存储整数。因其字长有限，故可表示的整数的范围也有限。

单精度实型（float）和双精度实型（double）变量用于存储实数，实数具有整数和小数两部分或是带指数的数据。表中的值域用绝对值表示。

无值型（void）有两种用途：第一是明确地表示一个函数不返回任何值；第二是产生同一类型的指针。

（2）类型修饰符

除了无值类型外，基本数据类型可以带有各种修饰前缀。修饰符用于明确基本数据类型的含义，以准确地适应不同情况下的要求（表 2-3）。类型修饰符种类如下：

signed　　有符号
unsigned　　无符号
long　　长
short　　短

表 2-3　数据类型、长度、值域对照表

类型	二进制位长度	值域
char	8	−128～127
unsigned cher	8	0～255
signed cher	8	−128～127
int	16	−32768～32767
unsigned int	16	0～65535
signed int	16	−32768～32767
short int	16	−32768～32767
unsigned short int	16	0～65535
signed short int	16	−32768～32767
long int	32	−2147483648～2147483647
unsigned long int	32	0～4294967295
float	32	3.4e−38～3.4e+38（绝对值）
double	64	1.7e−308～1.7e+308（绝对值）
long double	128	1.0e−4932～1.0e4931（绝对值）

不同的计算机系统对各类数据所占内存字节数有不同的规定，如 int 型有的系统占 16 位，有的占 32 位。long double 型有的占 128 位，有的占 64 位。

有符号（signed）和无符号（unsigned）的区别在于它们的最高位的定义不同。如有符号的整型（signed int），C 编译程序所产生的代码就设定整型数的最高位为符号位，其余位表示数值大小。

有符号整数对于许多运算都是很重要的。但是它所能表达的最大数的绝对值只是无符号数的一半。

3. for 语句的使用

for 语句使用时，要注意以下几点：

1）for 循环中的“表达式 1（循环变量赋初值）”、“表达式 2（循环条件）”和“表达式 3（循环变量增量）”都是选择项，即可以缺省，但“;”不能缺省。

2）省略了“表达式 1（循环变量赋初值）”，表示不对循环控制变量赋初值。

3）省略了“表达式 2（循环条件）”，则不做其他处理时便成为死循环。

例 2.12

```
for(i=1;;i++)sum=sum+i;
```

注释:省略了循环条件,将“永远”执行 sum=sum+i,称为死循环,不会退出循环。

4）省略了“表达式 3（循环变量增量）”，则不对循环控制变量进行操作，这时可在语句体中加入修改循环控制变量的语句。

例 2.13

```
for(i=1;i<=100;)
{sum=sum+i;
i++;}
```

注释:在语句体中加入修改循环控制变量 i 的语句,每执行一次循环体,i 就加 1。

5）省略了“表达式 1（循环变量赋初值）”和“表达式 3（循环变量增量）”。

例 2.14

```
for(;i<=100;)
{sum=sum+i;
i++;}
```

注释:for 语句中没有给 i 赋值。

6）3 个表达式都可以省略。

例 2.15

```
for(;;)
{
i=j/2;
}
```

注释:相当于无条件执行 for 语句里的循环体 i=j/2,也是一种死循环。

7）“表达式 1”可以是设置循环变量的初值的赋值表达式，也可以是其他表达式。

例 2.16

```
for(sum=0;i<=100;i++)sum=sum+i;
```

8）“表达式 1”和“表达式 3”可以是一个简单表达式，也可以是逗号表达式。

例 2.17

```
for(sum=0;i<=100;i++)sum=sum+i;
```

或:

```
for(i=0,j=100;i<=100;i++,j--)k=i+j;
```

9）“表达式 2”一般是关系表达式或逻辑表达式，也可是数值表达式或字符表达式，只要其值非零，就执行循环体。

```
例 2.18
for(i = 0;(c = getchar())! = '\n';i + = c);
又如：
for(;(c = getchar())! = '\n';)
printf(" %c",c);
```

动动手：让 LED0、LED2、LED4、LED6 闪烁

请参考案例任务，编写程序完成如下功能：开机或复位后，实现单片机学习板上的无限循环 LED0、LED2、LED4、LED6 闪烁。

考核与评价

完成“LED0、LED2、LED4、LED6 闪烁”任务的考核与评价表 2-4。

表 2-4　考核与评价表

评价项目	评价内容	要求	配分	评分		
				自评	组评	师评
系统的描述	描述闪烁灯系统的功能特点	口头表达，简洁清楚，描述系统功能齐全	10			
系统硬件组成	理解闪烁灯系统所使用的硬件器件和占用单片机的 I/O 口	正确填写表 2-1	10			
软件的设计	程序的编写简洁，功能实现完整	LED0、LED2、LED4、LED6 亮	15			
		LED0、LED2、LED4、LED6 灭	15			
		无限循环	10			
		程序简洁明了，容量小	5			
系统的调试	调试软件和下载软件的使用	熟悉调试软件\下载软件的操作步骤；根据调试软件的提示修改错误；能根据观察结果修改程序	15			
安全操作规程与劳动纪律	遵守安全操作规程和劳动纪律，有良好的职业道德和职业习惯		10			
完成工作的表现	认真学习相关知识，积极完成工作任务，团队合作和谐		10			
个人体会	（掌握了哪些技能？学到了哪些知识？有哪些收获？）					
小组评价						
教师评价						

思考与练习

1. 将下列二进制数转化为十进制。

(1) (1001) B=　　　　D。

(2) (11001) B=　　　　D。

(3) (110.01) B=　　　　D。

2. 将下列十进制数转化为二进制。

(1) (100) D=__________B。

(2) (64) D=__________B。

(3) (255) D=__________B。

3. 写出下列语句的含义。

(1) unsigned int x;。

(2) char a, b, c;。

(3) unsigned char k=90。

(4) floatI, j。

4. 写出能够实现下列功能的程序语句。

(1) 定义变量 u1, u2 为无符号字符型变量。

(2) 定义变量 y 为整型变量，并赋值 100。

5. for 语句的填空题。

(1) for (j=10; j>0; __________)。

(2) for (k=100; k____10; k−−)。

(3) for (i=1; i<10; i++)

```
{
sum=sum+i;
}
```

sum=sum+i; 循环执行了多少次？__________。

(4) for (;;)

```
{
P1_1=0;
}
```

这条 for 语句表示____________________。

6. 使用 for 语句编写一个程序段，使得“x=2*x;”被执行了 8 次。

7. 有几个函数的定义如下所示，请说明各函数的名称及返回值和参数情况。

(1) void ys ()。

(2) void ys (unsigned int y)。

(3) void xs ()。

(4) void xs (unsigned char x1, x2, x3, x4)。

(5) unsigned char pingjun (unsigned char x, y, z)。

任务2.2　设计流水灯控制系统

【任务背景描述】

广告灯可运用LED色彩的对比手法，从而产生与众不同的色彩感觉与色彩组合，并有助于作品形象区别于周围事物与环境，形成色彩视觉冲击力，引起注意。不同的色彩对比组合，可以鲜艳夺目、明亮活泼，也可以庄重高雅、雍容华贵，在作品与消费者接触的一刹那，打动消费者，增强注意的力度，在形成广告的第一印象时，先色夺人，给人留下深刻的印象。广告灯主要应用于广告牌、建筑泛光照明、网球场、停车场、体育馆、堆场及码头等。

跟我做：实现单灯左移流水灯

开机或复位后，在单片机学习板上实现单个LED灯向左依次点亮熄灭，呈现左移流水灯的效果。

任务设计指导

1. 准备工作

(1) 硬件准备

单片机学习板一块，USB线和数据线一套，电脑一台。

(2) 软件准备

medwin仿真软件和STC下载软件。

2. 任务实施

1）在单片机学习板上思考所需要的元器件，填写占用的单片机I/O口，见表2-5。

表2-5　占用的单片机I/O口

使用的元器件	占用的单片机I/O口

2）流水灯的工作过程分析。

LED0亮后，熄灭，接着LED1灯亮后，熄灭……以此类推，看起来就好像亮着的灯在往左边移动。

工作过程，左移：P1.0→P1.1→P1.2→P1.3→…→P1.7→P1.0→…→P1.7亮（右移：P1.7→P1.6→P1.5→P1.4→…→P1.0→P1.7→…→P1.0亮），重复循环。原理如图2-3所示。

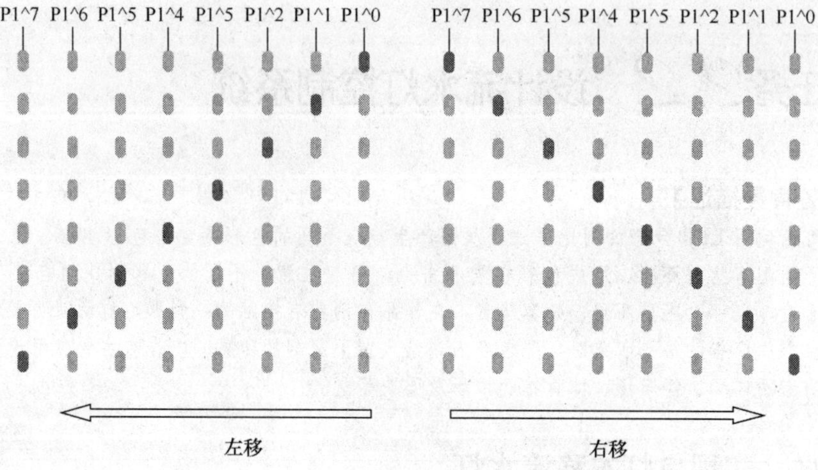

图 2-3　流水灯原理

程序流程图如图 2-4 所示。

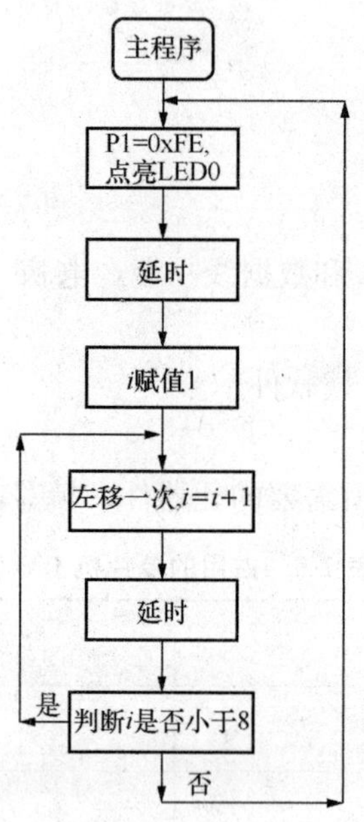

图 2-4　左移广告灯参考流程图

3）编写左移广告灯程序。

编写延时程序如下。

```
/******************延时子函数******************
函数名称:delay
函数功能:延时作用
*****************************************************
*******/
void delay()
{
unsigned inti;
  for(i=0;i<50000;i++);
}
```

```
/***************左移广告灯主函数*************
函数名称:main
函数功能:循环左移点亮单个LED灯
*****************************************************
****************************/
void main()
{
unsigned char a,b,k=0xfe;
    P1=k;
delay();
for(i=1;i<8;i++)
      {
         a=k<<i;
         b=k>>(8-i);
         P1=a|b;
delay();
      }
}
```

相关知识：十六进制

1. 十六进制

十六进制广泛应用于计算机领域，十六进制数的书写通常在数的右下方注上基数16，或在后面加H表示，如$6B5_{16}$或者FF_H。

特点：

1）由数字0～9和字母A～F组成（其中A～F表示10～15）。

2）十六进制数运算规律是“逢十六进一”，借位规则是“借一当十六”。

3）十六进制数据的表示法。十六进制数据也是采用位置计数法，其位权是以16为底的幂。

2. 二进制与十六进制间的相互转换

根据二进制数位权和的表达式可知每一位的十六进制数可以用四位的二进制数来表示，由此可得二进制数转十六进制的法则是“四位变一位”；十六进制数转二进制数的法则是“一位变四位”，即“8421 码”。

由位权和的表达式还可见，当四位二进制数的最高位有 1 时，因该位的权是 2^3，即十进制数的 8，所以该位的 1 可写成十进制数的 8；依此类推，第二位的 1，可写成十进制数的 4，第三位的 1，可写成十进制数的 2，最低位的 1，可写成十进制数的 1，将这些数加起来并用十六进制数来表示即可实现二进制和十六进制数的互换。这种互换的关系用代码来表示称为 8421 码。

(1) 二进制转十六进制

采用“四位变一位”，即四位二进制数化成一位十六进制数。

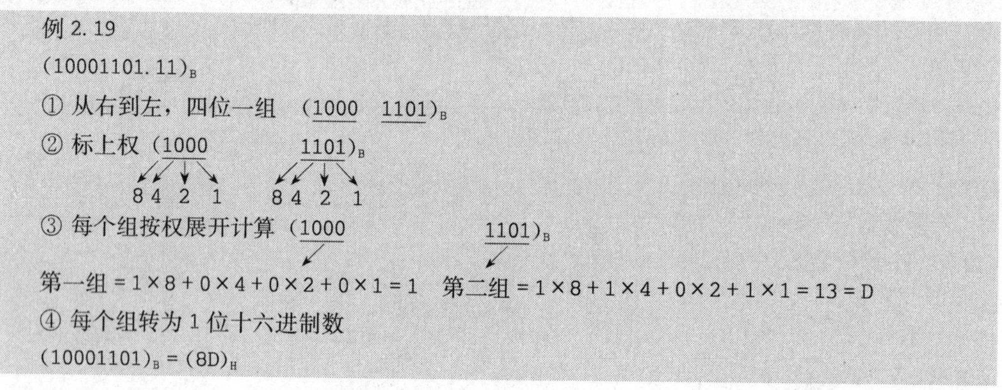

例 2.19

$(10001101.11)_B$

① 从右到左，四位一组 $(\underline{1000}\ \ \underline{1101})_B$

② 标上权 $(1000\ \ 1101)_B$

8 4 2 1　8 4 2 1

③ 每个组按权展开计算 $(\underline{1000}\ \ \underline{1101})_B$

第一组 = 1×8 + 0×4 + 0×2 + 0×1 = 1　第二组 = 1×8 + 1×4 + 0×2 + 1×1 = 13 = D

④ 每个组转为 1 位十六进制数

$(10001101)_B = (8D)_H$

有小数点的二进制数转换成十六进制数具体的做法是：从小数点开始往左数，将整数部分每四位分成一组，不够四位的在前面加 0；然后从小数点开始往右数，将小数部分每四位分成一组，不够四位的在后面加 0；最后利用 8421 码将每四位的二进制数写成十六进制数。

例 2.20

(101111.11)B

　= (0010 1111.1100)B

　= (2F.C)H

(2) 十六进制转二进制

采用“一位变四位”，即利用 8421 码将一位十六进制数写成每四位的二进制数。

例 2.21

(2F.C)H

因为(0010)B = 2^1 = (2)H

(1111)B = $2^3 + 2^2 + 2^1 + 2^0$ = 8 + 4 + 2 + 1 = (F)H

(1100)B = 2^3 + 22 = (C)H

所以(2F.C)H = (0010 1111.1100)B

3. 按位运算符

1）左移运算符。

功能：全部二进制数向左移，左边移出去的数丢失，右边添 0。

格式：　　x<<位数

例 2.22

求出 c = ?

```
void main()
{
a = 0x72;
c = a<<1;
}
```

a = 0x72 = 72H = (01110010)B　01110010　移位前

0　11100100　移位后

注释：所有的数都向左移动 1 位，最左边的 0 被移出去了，右边空出一位，补 0。

2）右移运算。

功能：全部二进制数向右移，右边移出去的数丢失，左边添 0。

格式：　　x>>位数

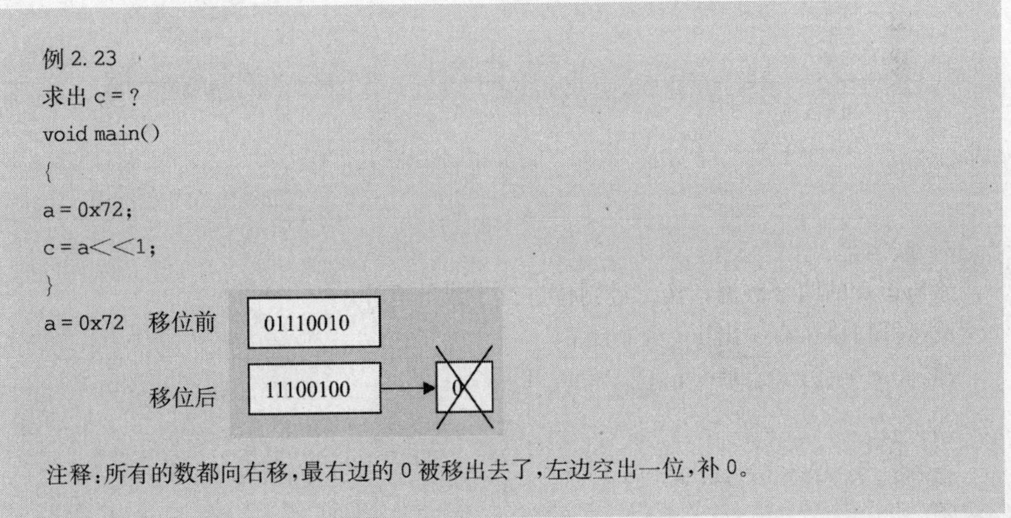
例 2.23

求出 c = ?

```
void main()
{
a = 0x72;
c = a<<1;
}
```

a = 0x72　移位前　01110010

移位后　11100100　0

注释：所有的数都向右移，最右边的 0 被移出去了，左边空出一位，补 0。

右移运算的参考程序如图 2-5 所示。

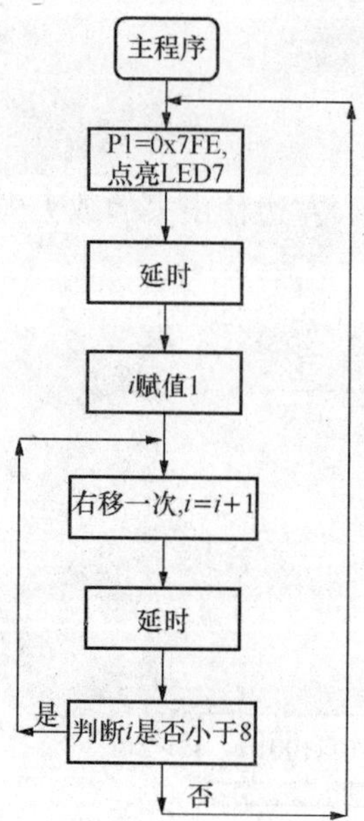

图 2-5　右移广告灯参考程序

循环右移的实现参考程序：

```
k = 0x7f;
    P1 = k;
    delay();
for(i = 1;i<8;i + + )
      {
        a = k>>i;
        b = k<<(8 - i);
        P1 = a|b;
        delay();
      }
```

3）或运算。

参与运算的两个数据，按二进制位进行“或”运算。

或运算口诀：有 1 出 1，全 0 出 0。

即：0 | 0=0；0 | 1=1；1 | 0=1；1 | 1=1。

例 2.24

已知 a = 0x72;b = 0x6f;求出 c = a|b = ?

解：

a = 0x72 = 72H = 01110010

b = 0x6f = 6f H = 01101111

C = 01111111 = 0x7f

答： c = 7fH = 0x7f

“按位或”运算最普遍的应用就是对一个变量的某些位置‘1’。如下例：

a=0x00；

a=a | 0x7f；//将 a 的低 7 位全置为 1。

知识拓展：运算符知识

运算符就是完成某种特定运算的符号。运算符按其表达式中与运算符的关系可分为单目运算符、双目运算符、三目运算符。单目是指要求有一个运算对象，如 a++、~a 等只有 a 一个运算对象；双目要求有两个运算对象，如：a+b、a * b 等都有 a 和 b 两个运算对象；三目则要三个运算对象。

（1）算术运算符

算术运算符就是用来处理四则运算的符号，这是最简单，也最常用的符号，尤其是数字的处理，几乎都会使用到算术运算符号。

C51 最基本的 7 种算术运算符如表 2-6 所示。

表 2-6　基本算术运算符

运算符	含义	运算对象个数
+	加或取正值	加时是双目运算符；取正值是单目运算符
-	减或取负值	减时是双目运算符；取负值是单目运算符
*	乘	双目运算符
/	除	双目运算符
%	取余	双目运算符
++	自增 1	单目运算符
--	自减 1	单目运算符

算术运算符使用的注意事项：

1）除法运算符和一般的算术运算规则有所不同，如是两浮点数相除，其结果为浮点数，如 10.0/20.0 所得值为 0.5；而两个整数相除时，所得值就是整数，如 7/3，值为 2。

2）求余运算要求%两侧都是整型数据，如 y=13%2。

3）自增 1 运算符、自减 1 运算符的运算对象必须为变量，如 i++，--a。

需要注意的是：++，--在变量左边叫前缀形式，表示先使变量的值加 1 或减 1，然后再使用变量的值，如++i；++，--在变量右边叫后缀形式，表示先使用变量的值，然后再使变量的值加 1 减 1，如 i++。

例 2.25

设 int x=5；

y=++x;表示先计算 x=x+1,再计算 y=x,结果 y=6,x=6。

y=x++;表示先计算 y=x,再计算 x=x+1,结果 y=5,x=6。

(2) C语言算术运算符的运算优先级和结合性

优先级：指同一个表达式中不同运算符进行计算时的先后顺序。

算术运算符的运算优先级可以分为4个级别，由高至低分别为：

1) ()。

2) ++、--、-（取负）。

3) *、/、%。

4) +、-。

级别1）最高，级别4）最低。

运算结合性：是指运算符可以将其内外、左右的数据以算术逻辑结合在一起，运算时要注意结合的方向：

() 自内向外；

++、--、-（取负）自左向右，注意此时++，--是作为前缀形式；

*、/、%自左向右；

+、-自左向右；

(3) C语言的算术表达式

C语言算术表达式只能由运算符、圆括号、系统库函数和运算对象组成，如：(a+b+c)/sqrt(a)+b*(sin(x)+sin(y))。

动动手：实现双灯左移流水灯

请同学们参考案例任务，编写程序完成如下功能：开机或复位后，单片机学习板上实现LED0、LED1的双灯左移流水灯。

用medwin仿真软件编写调试程序，用STC下载软件将程序下载到单片机运，观察结果。

考核与评价

完成“实现双灯左移流水灯”的任务考核与评价，见表2-7。

表2-7　考核与评价表

评价项目	评价内容	要求	配分	评分		
				自评	组评	师评
系统的描述	描述流水灯系统的功能特点	口头表达，简洁清楚，描述系统功能齐全	10			
系统硬件组成	理解流水灯系统所使用的硬件器件和占用单片机的I/O口	正确填写表2-5	10			
软件的设计	程序的编写简洁，功能实现完整	双灯亮	15			
		双灯左移流水	25			
		程序简洁明了，容量小	5			

续表

评价项目	评价内容	要求	配分	评分		
				自评	组评	师评
系统的调试	调试软件和下载软件的使用	熟悉调试软件、下载软件的操作步骤	5			
		根据调试软件的提示修改错误	5			
		根据观察结果修改错误	5			
安全操作规程与劳动纪律	遵守安全操作规程和劳动纪律，有良好的职业道德和职业习惯		10			
完成工作的表现	认真学习相关知识，积极完成工作任务，团队合作和谐		10			
个人体会	（掌握了哪些技能？学到了哪些知识？有哪些收获？）					
小组评价						
教师评价						

思考与练习

1. void main（）

```
{
unsigned int x=5, y=10, z;
z=y*x;
}
```

结果：z=。

2. void main（）

```
{
unsigned int x, y, z;
x=200;
y=x/6;
z=x%6;
}
```

结果：y=________；z=________。

3. void main（）

```
{
unsigned int i, j, k=6;
for (i=1; i<5; i++)
{
j=5*k;
}
}
```

结果：j=________。

4. void main ()

```
{
unsigned int i, j, k=0xfc;
for (i=1; i<5; i++)
{
j=k<<1;
k=j;
}
}
```

结果：k=________。

5. void main ()

```
{
while (1)
{
P1=0xfc;
}
}
```

表示：________________________________。

6. void main ()

```
{
unsigned int x=5, y=100, z=3;
    while (x<y)
{
y=y/z;
        }
}
```

结果：y=________。

7. void main ()

```
{
unsigned int i, x=2, y=0, z;
  for (i=0; i<10; i++)
    {
     x=2*x;
     }
while (x>128)
    {
   y=x%128;
```

```
    z=x;
    x=2;
    }
}
```

结果：z=________；y=________。

任务2.3　设计电子广告牌系统

【任务背景描述】

在大街小巷许多店铺使用 LED 广告牌来作为广告宣传，效果直观。用户可以根据自己的特殊需要来设计和制作各式各样的 LED 广告牌，它具有制作简单、成本低廉的特点。

跟我做：设计米字广告牌

南宁市粮油公司欲购置一款新颖的广告牌招揽生意，外观如图 2-6 所示。

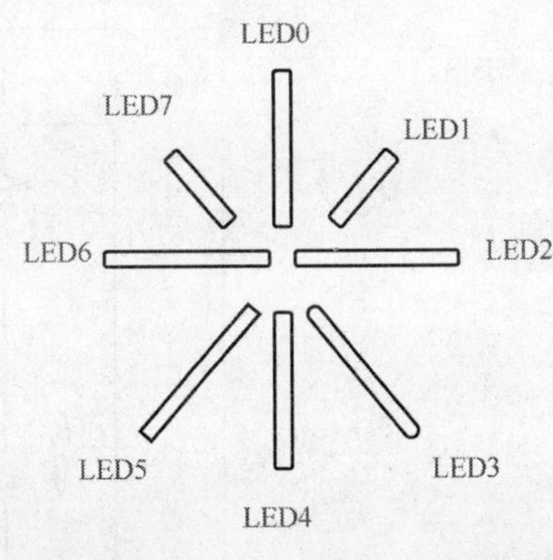

图 2-6　“米”字广告牌

要求：

① 首先交替显示“大”“米”10 次。

② 然后全灯闪烁 5 次。

③ 反复循环以上步骤。

任务设计指导

1. 准备工作

(1) 硬件准备

单片机学习板一块，米字灯箱一个、USB 线和数据线一套，电脑一台。

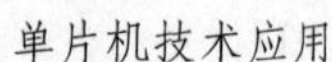

（2）软件准备

medwin 仿真软件和 STC 下载软件。

2. 任务实施

1）思考所需要的元器件，填写占用的单片机 I/O 口，如表 2-8 所示。

表 2-8　占用的单片机 I/O 口

使用的元器件	占用的单片机 I/O 口

2）使用 USB 线和数据线连接单片机学习板和电脑，使用飞线连接单片机学习板和米字灯箱。

3）工作工程分析。

点亮 LED0、2、3、5、6 即代表显示“大”；点亮 LED0～7 则代表显示“米”。

4）编写“米”字广告牌参考程序。

“米”字广告牌参考流程如图 2-7 所示。

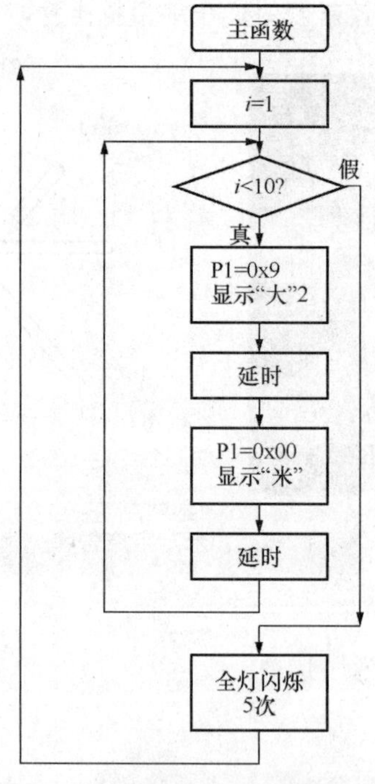

图 2-7　“米”字广告牌参考流程图

```
/* * * * * * * * * * * * * * * * 延时子函数 * * * * * * * * * * * * * * * * *
函数名称:delay
函数功能:延时作用
* * * * * * * * * * * * * * * * * * * * * * * * * * * * * * * * * * * * * * * * /
void delay()
{
unsigned inti;
  for(i = 0;i<50000;i + + );
}
```

```
/* * * * * * * * * * * * * * * "大""米"交替子函数 * * * * * * * * * * * * * * *
函数名称:mi
函数功能:实现"大""米"两字交替变换一次
* * * * * * * * * * * * * * * * * * * * * * * * * * * * * * * * * * * * * * * * /
void mi()
{
P1 = 0X92;
delay();
P1 = 0X00;
delay();
}
```

```
/* * * * * * * * * * * * * * * * * "米"字全亮全灭子函数 * * * * * * * * * * * * *
* *
函数名称:LED
函数功能:实现 LED 灯全亮全灭变换一次
* * * * * * * * * * * * * * * * * * * * * * * * * * * * * * * * * * * * * * * * *
* * * * * * * * * * * * * * /
void LED()
{
P1 = 0X00;
delay();
P1 = 0XFF;
delay();
}
```

```
/***************“米”字广告牌控制主函数************
函数名称:main
函数功能:实现“米”字闪烁10次,全灯闪烁5次
*****************************************/
void main()
{
while(1)
{
for(i=1;i<10;i++)//“大”“米”交替出现10次
{
mi();
}
for(ii=0;ii<5;ii++)//“米”字闪烁5次
{
LED();
}
}
}
```

相关知识：while 语句

while 语句的一般格式：

```
while（表达式）
        {
         循环体语句；
        }
```

while 循环的执行过程：

先计算表达式的值并判断，若表达式的值为“真”，执行循环体语句；为“假”则退出循环。继续判断表达式的值，如果表达式的值仍为“真”，则再次执行循环体语句；直到表达式值为“假”，退出循环。流程图如图 2-8 所示。

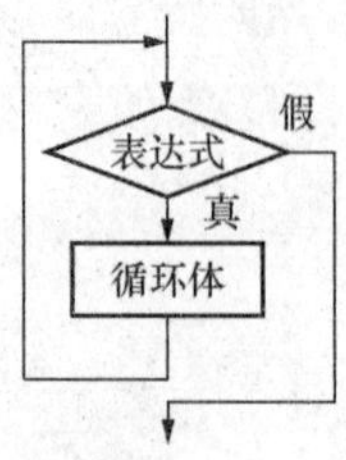

图 2-8　while 语句的工作流程图

【注意】

①“表达式”一般为关系表达式或逻辑表达式。

② 循环体可以是单个语句，也可是多个语句；如果是多个语句必须使用花括号“{}”将多个语句括起来构成一个复合语句。如果不加花括号，则while语句的范围只到while后面第一个分号处。例如，例2.10.1中while语句如无花括号，则while语句的范围只到“sum=sum+i;”。

③ while循环结构的特点是“先判断，后执行”。如果表达式的值一开始就为“假”，则循环体一次也不执行。

④ 循环体内一定要有改变循环继续条件的语句，使得循环趋向于结束，否则循环将无休止的进行下去，即形成“死循环”。如例2.10.1中循环结束的条件是“i>10”，因此在循环体中应该有使i增值以最终导致i>10的语句，如使用“i=i+1;”语句来达到此目的。如果无此语句，则i的值始终不改变，循环永不结束。

知识拓展：运算符及循环语句基本认知

1. 运算符知识

(1) 位运算符

位运算符除了上一个任务用的左移、右移、或运算之外，还有求反、与运算、异或运算等。位运算符的作用是按位对变量进行运算，但是并不改变参与运算的变量的值。如果要求按位改变变量的值，则要利用相应的赋值运算。

C51中共有6种位运算符，如表2-9所示。

表2-9　位运算符

运算符	含义	运算对象个数
~	按位求反	单目运算符
<<	按位左移	双目运算符
>>	按位右移	双目运算符
&	按位与	双目运算符
^	按位异或	双目运算符
|	按位或	双目运算符

1) 与运算—&。

参加运算的两个数据，按二进制位进行“与”运算。

与运算口诀：有0出0，全1出1。

即：0&0=0；0&1=0；1&0=0；1&1=1。

```
例 2.26
已知 a = 0x72;b = 0x6f;;求出 c = a&b = ?
解:
a = 0x72 = 72H = 01110010
b = 0x6f = 6fH = 01101111
C = 01100010 = 0x62
答:c = 62H = 0x62
```

在实际的应用中，与操作经常被用于实现特定的功能：

① 清零。“按位与”通常被用来使变量中的某一位清零。例如：

```
例 2.27
a = 0xff;//a = 11111111
a = a&0x55;//与 0x55 求与,使变量 a 的第 1、3、5、7 位清零,使 a = 01010101.
a = 0xff;//a = 11111111
a = a&0x55;//与 0x55 求与,使变量 a 的第 1、3、5、7 位清零,使 a = 01010101.
```

② 检测位。要知道一个变量中某一位是 1 还是 0，可以使用与操作来实现。例如：

```
例 2.28
a = 0xfe;  //a = 11111110
Result = a&0x01;//与 0x01 求与,不管 a 的高 7 位是什么,只检测 a 的最低位
```

2）异或运算—^。

异或运算口诀：相同出 0，不同出 1。

即：0^0=0；0^1=1；1^0=1；1^1=0。

```
例 2.29
已知 a = 0x72;b = 0x6f;求出 c = a^b = ?
解:
a = 0x72 = 72H = 01110010
b = 0x6f = 6f H = 01101111
c = 00011101   = 0x1d
答:  c = 1dH = 0x1d
```

异或运算主要有翻转（取反）某一位的作用，当某一个位与‘1’作异或运算时，结果就为此位翻转（取反）后的值。例如：

```
例 2.30
a = 0x35;  //a = 00110101
a = a^0xff;  //a = 00111010  a 的低四位翻转
```

3）“取反”运算—～

“取反”运算符功能就是对操作数按位取反。

运算口诀：1 变 0，0 变 1。

例 2.31

已知 a = 0x72;求 c = ～a = ?

解：

a = 0x72 = 72H = 01110010

c = 10001101 = 0x8d

按位运算符使用的注意：

① ～运算符的优先级比别的算术运算符、关系运算符和其他运算符都高。

例如：～a&b，先执行～a 运算，再做 & 运算。

② 按位运算符的运算对象只能是整形或字符型的数据，不能为实型数据。

(2) 逻辑运算符

逻辑运算符是用来对操作数进行逻辑操作的。C 语言提供了如表 2-10 所示的 3 种逻辑运算符。

表 2-10 逻辑运算符

逻辑运算符	名称	意义	优先级
!	逻辑非	操作数为假时，结果为真	1
&&	逻辑与	两边的操作数均为真时，结果为真	2
||	逻辑或	两边的操作数之一为真时，结果为真	3

说明：

“&&”和“||”是“双目（元）运算符”，它要求有两个运算量（操作数），如 a&&b，a||b。

“!”是“一目（元）运算符”，只要求有一个运算量，如！a。

一个逻辑表达式中如包含多个逻辑运算符，按以下的优先顺序：

！(非) →&& (与) →|| (或)，即“!”为三者中级别最高的。

例 2.32

若 a = 4,则！a 的值为 0。因为 a 的值为非 0,被认作“真”,对它进行“非”运算,得“假”,“假”以 0 代表。

若 a = 4,b = 5,则 a&&b 的值为 1。因为 a 和 b 均为非 0,被认为是“真”,因此 a&&b 的值也为“真”,值为 1。

若 a = 0,b = 5,a||b 的值也 1。因为 a = 0 为假,而 b = 5 非 0 为真,因此 a||b 的值也为“真”,值为 1。

注意逻辑运算符与按位运算符的区别：

&& 是逻辑与，逻辑值只有 0 和非 0（即 1），如 7 和 8 都是非 0，那么 7&&8 的结果就是非 0，也就是 7&&8=1。

& 是位操作，即按两个操作数的二进制每一位进行与运算。

7 的二进制：00000111。

8 的二进制：00001000。

进行与运算后为：00000000，也就是 7&8=0。

可见 & 和 && 不同的是，按位与 & 作用于二进制位，而逻辑与 && 作用于这个数据的真（非 0）和假（0）两种情况。

（3）关系运算符

在 for 语句和 while 语句中我们已经用过了关系运算法，关系运算就是比较运算，即把两个数据进行比较，判断两个数据是否符合给定的关系。C 语言提供 6 种关系运算符，如表 2-11 所示。

表 2-11　关系运算符

运算符	名称	示例	功能
<	小于	a<b	a 小于 b
<=	小于等于	a<=b	a 小于等于 b
>	大于	a>b	a 大于 b
>=	大于等于	a>=b	a 大于等于 b
==	等于	a==b	a 等于 b
！=	不等于	a！=b	a 不等于 b

关系运算符都是双目运算符，优先级低于算术运算符，高于赋值运算符。前 4 种关系运算符“<，<=，>，>=”的优先级别相同，都高于后两种“==，！=”。例如，“>”优先于“==”，而“>”与“<”优先级相同。

关系运算符的运算结果只有 0 和 1 两种值。当指定的条件满足或结果为真时，值为 1，否则值为 0。例如：

例 2.33

a>3 是一个关系表达式，大于号（>）是一个关系运算符，如果 a 的值为 5，则满足给定的“a>3”条件，因此关系表达式的值为“真”（即“条件满足”）；如果 a 的值为 2，不满足“a>3”条件，则称关系表达式的值为“假”。

%1>5（值为 1，即真）

6>=7　　　　（值为 0，即假）

6！=5　　　　（值为 1，即真）

2. 循环结构

（1）循环结构程序简介

在前一个任务我们学会了 for 语句来实现循环，几乎所有实用的程序都包含循环。循环结构是结构化程序设计的基本结构之一，它和顺序结构、选择结构共同作为各种

复杂程序的基本构造单元。因此，熟练掌握选择结构和循环结构的概念及使用是程序设计的最基本要求。

在程序设计中，实现循环结构的语句主要有 3 种：while 语句、do-while 语句和 for 语句。通常循环结构有“先判断条件，后执行循环”和“先执行循环，后判断条件”两种。无论哪种类型的循环结构，其特点都是循环体执行与否及其执行次数多少都必须视其循环类型和条件而定，且必须确保循环体的重复执行能在适当的时候得以终止（即非死循环）。

（2）do-while 语句

do-while 语句的特点是先执行循环体，然后判断循环条件是否成立的循环语句。

一般格式为：

```
do
{
循环体语句；
}
while（表达式）；
```

do-while 的执行过程：先执行一次指定的循环体语句，然后判断表达式，当表达式的值为真（非 0）时，返回执行循环体语句，如此反复，直到表达式的值等于 0 时退出循环。即使表达式的值一开始就为 0，也会执行一次循环体语句。

流程图如图 2-9 所示。

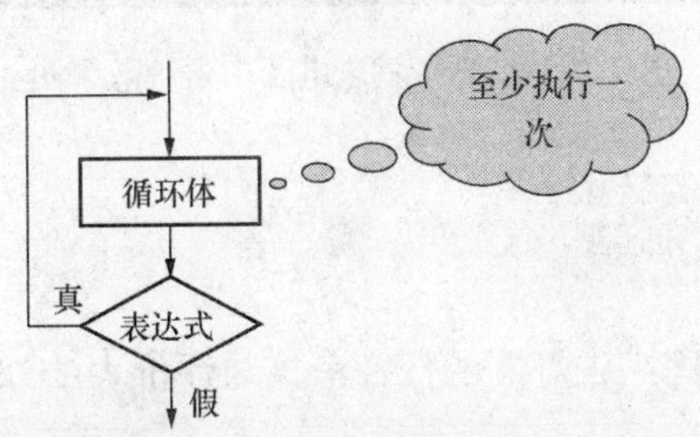

图 2-9　do-while 语句执行流程

（3）for、while、do-while 三种循环语句的比较

1）while 语句和 for 语句是属于先测试终止条件的循环语句，故循环体有可能一次也不执行。

2）do-while 语句是后测试终止条件的循环语句，循环体至少执行一次。

3）for 语句与 while 语句本质上相近，很容易互换。所有循环语句都是在终止条件为真时才能执行循环体。

4）如果循环次数可以在进入循环语句之前确定，使用 for 语句较好；在循环次数难以确实使用 while 和 do-while 语句较好。

动动手：设计烟酒杂货店电子广告牌

请参考案例任务，为一烟酒杂货店设计招牌广告灯，招牌灯如图 2-10 所示，中间是“烟酒”二字，周围有三个外圈，请编写程序完成如下功能：

1）电源接通后，“烟酒”二字恒亮。

2）外圈由中间向外依次点亮。

3）外圈由外至内依次熄灭。

4）外圈闪烁 5 次。

5）重复上诉过程。

用单片机学习板模拟实现上诉方案，其中“烟酒”二字由 LED0、1 表示，三个外圈由内至外分别由 LED2、3，LED4、5，LED6、7 表示。

用 medwin 仿真软件编写调试程序，用 STC 下载软件将程序下载到单片机运行，观察结果。

图 2-10　烟酒杂货店电子广告牌效果图

考核与评价

完成“烟酒杂货店招牌广告灯”的任务考核与评价表 2-12。

表 2-12　考核与评价表

评价项目	评价内容	要求	配分	评分		
				自评	组评	师评
系统的描述	描述广告灯系统的功能特点	口头表达，简洁清楚，描述系统功能齐全	10			
系统硬件组成	理解广告灯系统所使用的硬件器件和占用单片机的I/O口	正确填写表 2-8	10			

续表

评价项目	评价内容	要求	配分	评分		
				自评	组评	师评
软件的设计	程序的编写	“烟酒”二字恒亮	8			
		外圈由中间向外依次点亮	8			
		外圈由外至内依次熄灭	8			
		外圈闪烁 5 次	8			
		循环以上功能	8			
		程序简洁明了，容量小	5			
系统的调试	调试软件和下载软件的使用	熟悉调试软件；下载软件的操作步骤	5			
		根据调试软件的提示修改错误	5			
		能根据观察结果修改程序	5			
安全操作规程与劳动纪律	遵守安全操作规程和劳动纪律，有良好的职业道德和职业习惯		10			
完成工作的表现	认真学习相关知识，积极完成工作任务，团队合作和谐		10			
个人体会	（掌握了哪些技能？学到了哪些知识？有哪些收获？）					
小组评价						
教师评价						

思考与练习

1. 已知 int x=200，int y=300，z=100，则

（1）表达式 x& y=?

（2）x | y=?

（3）x^y=?

（4）～ x=?

（5）x&& y=?

（6）x | | y=?

2. 已知 int x=200，int y=300，z=100，则

（1）x<y=?

（2）x<y=?

（3）w=(x<y)&&(x++)=?

项目 3 设计自动售货机控制系统

项目任务与目标

项目包含的工作任务

项目主要实现对数码管的简单控制，本项目包含三个工作任务：

1. 设计“HELO”显示界面
2. 设计按键切换多种显示界面的控制系统
3. 设计自动售货控制系统

项目应达到的教学目标

通过以上三个工作任务的实训，应达到以下知识目标和能力目标：

1. 掌握数码管的控制方法
2. 掌握独立按键的控制方法
3. 掌握C语言中分支程序的设计方法，学会使用if语句
4. 掌握C语言中一维数组的应用
5. 培养分支程序流程图的阅读和设计能力

数码管在我们生活中有着非常广泛的应用，在一般的人机对话中，输入器件一般都以按键为主，而输出器件则以数码管或者LCD为主。

本项目所学习的数码管也叫做八位7段数码管，其在工业中应用很广泛，可以用来显示温度、数量、重量、日期、时间等，还可以用来显示比赛中的比分等，显示效果有醒目、直观的优点，见下图。

电子秤

电子记分牌

任务3.1　设计“HELO”显示界面

【任务背景描述】

我们日常生活中使用许多电子设备都有一个显示界面，例如电子秤、排号机、自动售货机、自动售票系统等。有的电子设备的显示界面是用数码管，有的是LED屏，有的是液晶显示屏，为了使这些显示界面显得更人文化，这些电子设备设计了各种各样有趣的初始欢迎界面，例如：“南宁地铁欢迎您!”、“华联售货”等。

跟我做：设计“HELO”显示界面

本次案例任务是设计一个”HELO”显示界面，开机或复位后，在单片机学习板的四位数码管上显示“HELO”，编写并调试程序，下载到单片机运行，观察结果。

任务设计指导

1. 准备工作

(1) 硬件准备

单片机学习板一块，USB线和数据线一套，电脑一台。

(2) 软件准备

medwin仿真软件和STC下载软件。

2. 任务实施

1）在单片机学习板上思考所需要的元器件，填写占用的单片机I/O口，如表3-1所示。

表3-1　占用的单片机I/O口

使用的元器件	占用的单片机I/O口

2）使用一套USB线和数据线连接单片机学习板和电脑。

3）编写显示子函数。

显示子函数的流程如图3-1所示。

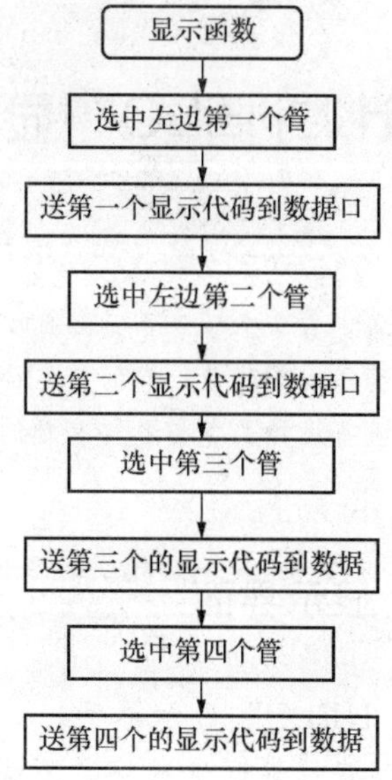

图 3-1　四个数码管显示子函数的流程图

```
/************四位数码管显示子函数*********************
函数名称:xs                  函数功能:四位数码管显示函数
*********************************************************/
void xs(unsigned char x1,x2,x3,x4)
{
  P2_7 = 1;  //关掉第四个数码管
  P2_4 = 0;  //打开第一个数码管
  P0 = x1;  //送第一个显示代码到数据口 P0
  delay(50);  //延时,增加数码管亮度感
  P2_4 = 1;  //关掉第一个数码管
  P2_5 = 0;  //打开第二个数码管
  P0 = x2;  //送第二个显示代码到数据口 P0
  delay(50);  //延时,增加数码管亮度感
  P2_5 = 1;  //关掉第二个数码管
  P2_6 = 0;//打开第三个数码管
  P0 = x3;//送第三个显示代码到数据口 P0
  delay(50);  //延时,增加数码管亮度感
  P2_6 = 1;  //关掉第三个数码管
  P2_7 = 0;  //打开第四个数码管
  P0 = x4;  //送第四个显示代码到数据口 P0
  delay(50);  //延时,增加数码管亮度感
}
```

4）编写显示“HELO”的主函数。

显示“HELO”主函数的流程如图 3-2 所示。

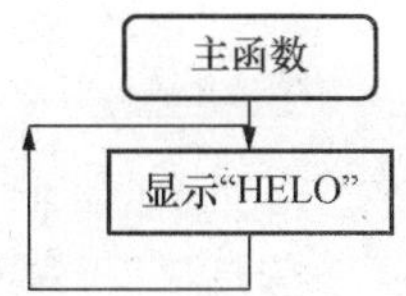

图 3-2　显示“HELO”主函数流程图

```
/*****************主函数********************
函数名称:main
函数功能:显示“HELO”
*******************************************/
void main()
{
while(1)
{
xs(0x89,0x86,0xc7,0xc0 );
}
```

5）利用 STC-ISP 下载 hex 文件到单片机，观察单片机的运行效果。

显示“HELO”的效果如图 3-3 所示。

图 3-3　显示“HELO”效果图

相关知识：数码管的基本认知

1. 数码管的工作原理分析

在前面的项目里我们学习了 LED 发光二极管的应用，在此同学们可以做如下联想：假设单片机 P0.0～P0.7 口分别连接了 8 个 LED 的阴极，所有二极管的阳极连接到一起共同连接电源（图 3-4），我们给 8 个 LED 分别命名为 a、b、c、d、e、f、g 和

dp。由前面学习的知识我们可以知道当给 P0 口任意一个引脚赋 0 值的时候则相应地点亮该引脚所连接的二极管。

例 3.1

执行程序

```
P0_1 = 0;
P0_5 = 0;
```

则 b、f 两个 LED 被点亮。

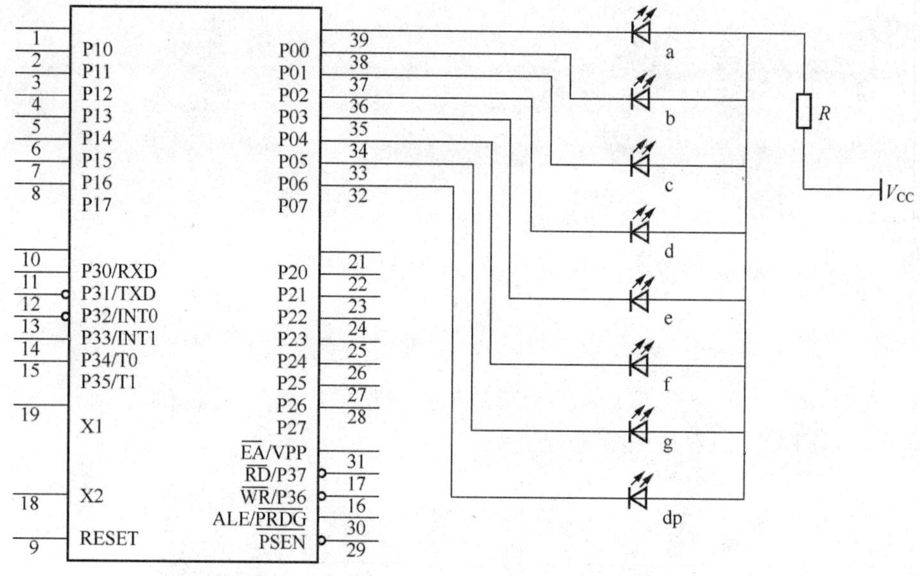

图 3-4 联想图一（P0 口控制 8 个发光二极管）

同学们继续想象，假如我们把每个 LED 的实际形状压扁、拉长，并按照 8 字形排列组成如图 3-5 所示形状。

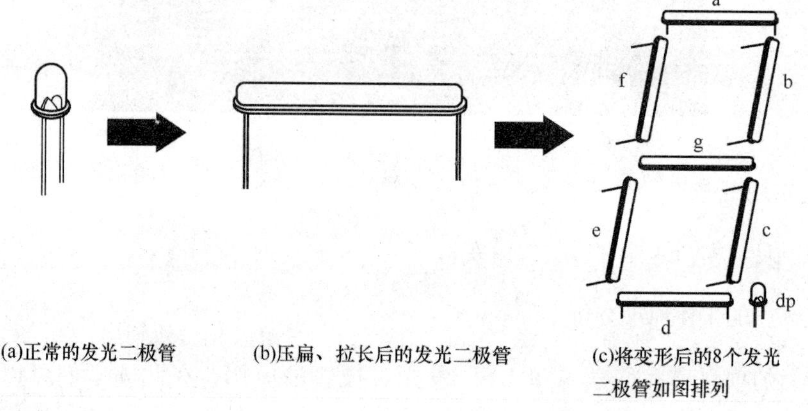

图 3-5 联想图二（将每个发光二极管压扁、拉长，拼接成一个 8 字形）

此时 P0.0～P0.7 口依然控制点亮 a、b、c、d、e、f、g、dp 八个 LED，这时若给 P0 口赋值，点亮其对应的 LED 就可以显示出数字。

例 3.2

执行程序

```
P0_0 = 0;
P0_1 = 0;
P0_2 = 0;
P0_3 = 0;
P0_6 = 0;
```

则点亮 a、b、c、d、g 五个 LED，显示出 3 的数字。

将图 3-5 中的八个 LED 进行工业上的缩小、塑模、封装处理就形成了我们一般常用的数码管，如图 3-6 所示。

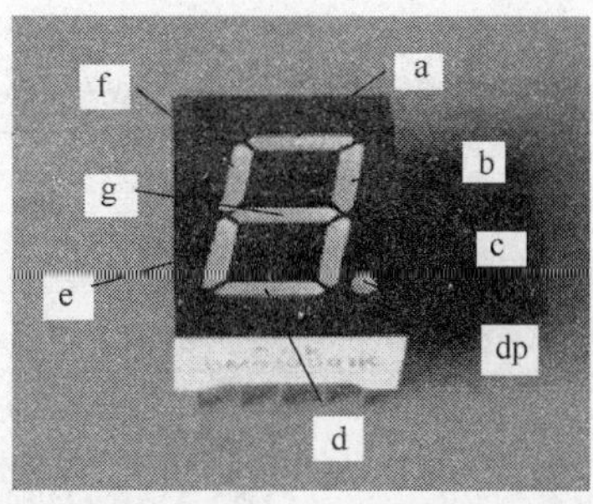

图 3-6　数码管共阴数码管与共阳数码管

所以，由上面的分析可知，如图 3-5 的数码管的内部其实是由 8 个 LED 发光二极管所组成的，这 8 个发光二极管又包括 7 个细长型的 LED 和一个小数点型的 LED。8 个 LED 分别为 a、b、c、d、e、f、g、dp，每个 LED 为一个字段，我们若想让数码管显示数字或者字母的话，就相应的点亮其所对应的 LED 字段即可。

数码管分为共阴和共阳两种显示方式，其中如图 3-7 例子中把 a、b、c、d、e、f、g、dp 的正极连接在一起（公共端），而负极每根都单独引出（信号端），这样封装形式的数码管叫做共阳数码管，此时正极公共端若接 V_{CC}，而负极接信号源，信号为 0 时点亮相应的字段。相反地把 a、b、c、d、e、f、g、dp 的负极连接在一起，而正极每根都单独引出，这样封装形式的数码管叫做共阴数码管，此时负极公共端若接地，而正极接信号源，信号为 1 时点亮相应的字段，如图 3-7 所示。

2. 数码管段码和位码的定义

（1）数码管的段码

通过上文的原理介绍，对数码管的工作已经了解，但当拿到一个数码管时要正确的应用它还是一时不知如何下手，比如现在要求数码管显示“H”，该怎么办呢？我们知道若想让数码管显示数字的话，就应点亮其所对应的 LED 字段即可，如表 3-2 所示。

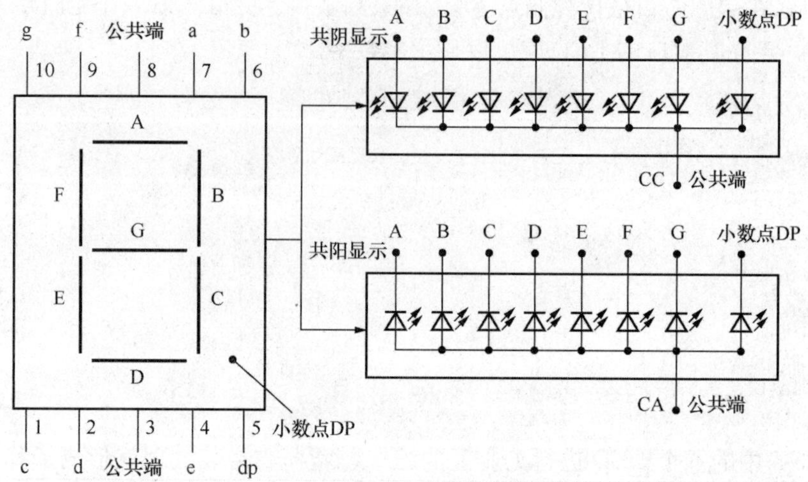

图 3-7 数码管结构及引脚

表 3-2 数码管显示“H”段码表

段名称	dp	g	F	E	d	c	b	A	对应段码 （P0 的值，十六进制）
对应引脚	P0.7	P0.6	P0.5	P0.4	P0.3	P0.2	P0.1	P0.0	
引脚状态	1	0	0	0	1	0	0	1	89

参照上面的过程，可以列出共阳和共阴数码管显示“H”、“E”、“L”、“O”的段码，如表 3-3 所列。

表 3-3 “H”、“E”、“L”、“O”的段码

显示字符	共阳极数码管（十六进制）	共阴极数码管（十六进制）
H	89H	76H
E	86H	79H
L	C7H	38H
O	C0H	3FH

（2）数码管的位控制

通过上面分析，已经了解如何在一个数码管上显示数字，但任务 3.1 要求实验板上的 4 位数码管显示 4 种不同的数字，该如何实现？

单片机学习板上每个数码管的公共端并没有直接连接 V_{CC} 而是通过一个 PNP 三极管连接到电源，三极管的基极分别连接单片机引脚。同学们在学数字电路时已经知道这个三极管的作用，这个三极管起到一个开关作用，当基极 b 信号为 0 时，发射极 e 和集电极 c 两端导通，相当于开关闭合，此时数码管公共端连接到电源 V_{CC}。当基极 b 信号为 1 时，发射极 e 和集电极 c 两端截止，相当于开关断开，数码管公共端与电源 V_{CC} 断开，就可以实现对数码管的单独控制了，如表 3-4 所示。

表 3-4　数码管四个"位"控制

数码管位置	第一位	第二位	第三位	第四位
对应引脚	P2.4	P2.5	P2.6	P2.7

例 3.3

如表 3-4 所示，单片机学习板上的 4 个数码管分别受控于 P2.4、P2.5、P2.6、P2.7，4 个引脚控制其相对应数码管数据的导通（信号为 0 时导通）。

执行程序：

```
    P2_4 = 0;//此时，P2.4 所对应的数码管进入工作状态，可以接收 P0 的数据
    P2_5 = 0;//此时，P2.5 所对应的数码管进入工作状态，可以接收 P0 的数据
    P2_6 = 1;
    P2_7 = 1;
P0 = 0X89;//将显示字母"H"的段码送入 P0 口
```

则 P2.4、P2.5 所对应的数码管显示数字"H"，如图 3-7 所示。

上面的过程可以做一个比喻：P0 口为数据的输入端，当给 P0 送入显示数据"0X89"时，相当于把数据送入一个 1 分为 4 的传输路径，P2.4～P2.7 相当于 4 个闸门，此时 P0 口的显示数据是否能成功的送入到数码管取决于这 4 个闸门，当 P2 _ 4＝0 时相当于闸门开，数据通过闸门送入数码管，使第一个数码管显示"5"，同理 P2 _ 6＝1，P2 _ 7＝1 时，后两个闸门关闭，数据不能通过所以不显示，如图 3-8 所示。

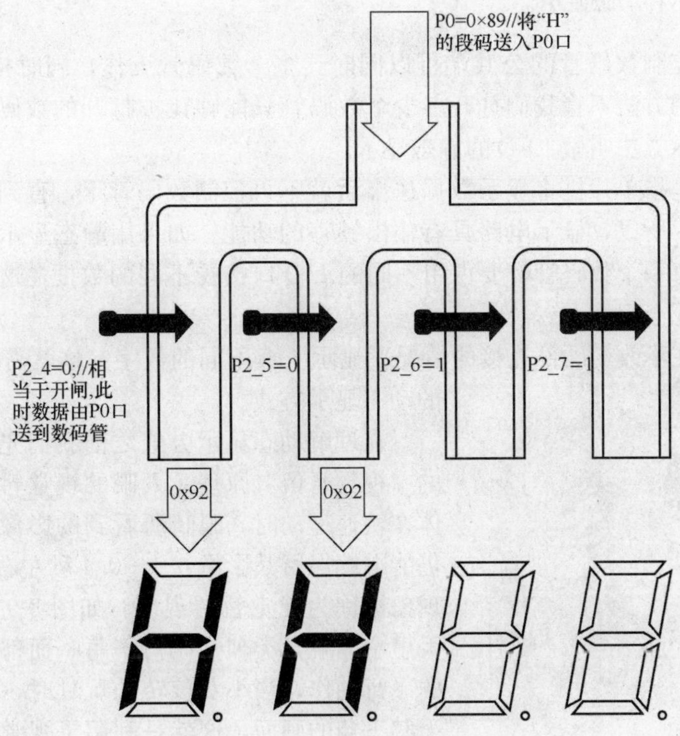

图 3-8　四位数码管显示两个"H"

知识拓展：数码管常用段码及显示方法

1. 数码管常用段码

数码管常常用来显示数字和部分字母，表 3-5 给出了常用数码管显示数字和字母段码（也称为显示代码）。

表 3-5 数码管显示数字和字母段码表（十六进制）

显示字符	共阳极数码管	共阴极数码管	显示字符	共阳极数码管	共阴极数码管
0	C0H	3FH	A	88H	77H
1	F9H	06H	B	83H	7CH
2	A4H	5BH	C	C6H	39H
3	B0H	4FH	D	A1H	5EH
4	99H	66H	E	86H	79H
5	92H	6DH	F	8EH	71H
6	82H	7DH	P	8CH	73H
7	F8H	07H	H	89H	76H
8	80H	7FH	L	C7H	38H
9	90H	6FH	“灭”	FFH	00H

2. 静态显示和动态显示

通过以上控制数码管的公共端可以同时让多个数码管工作，同时接收 P0 口的段码，但是这样的方法不管我们打开多少个数码管只能够让被打开的数码管显示相同数字，这样的显示方法叫做 LED 的静态显示。

静态显示是指单片机将显示数据送出后就不再控制数码管了，直到下一次数据送出后才会改变，所以，显示电路具有输出锁存的功能。如果用静态显示方法显示不同的数字，那么每一个数码管都要占用不同的 I/O 口接受不同的数据，这样硬件的开销以及电源的功耗会很大。

那么如何在不改变硬件连接的情况下显示 4 个不同的数字？这就需要我们用 LED 的动态显示方式。

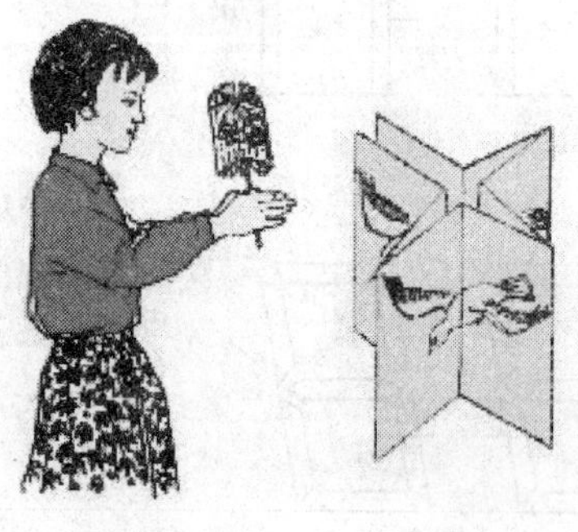

图 3-9 视觉暂留原理图

在理解动态显示方式之前我们先了解一下人眼的“视觉暂留”原理。人眼的视觉暂留是指，当物体在快速运动时，眼睛所看到的影像消失后，人眼仍能继续保留其影像 0.1～0.4 秒左右的图像，这种现象被称为视觉暂留现象。如图 3-9 所示，小女孩手里拿的玩具类似走马灯，每一面都画着天鹅不同的飞行动作，当小女孩转动玩具时，眼前就会出现天鹅飞翔的画面，这就是利用了视觉暂留原理。同学们熟知的动画片，也是利用了这个原理而制作

成的。

通过以上知识的了解，假设一个数码管以每秒闪烁 1 次的方式显示数字“5”，闪烁的速度越来越快，一旦闪烁的频率达到 0.1 秒 1 次时，我们就分辨不出数码管是闪烁的还是一直亮着的了。

例 3.4

我们按如下步骤进一步假设：

1)让第一个数码管显示“5”,然后马上熄灭。

2)让第二个数码管显示“6”,然后马上熄灭。

3)让第三个数码管显示“7”,然后马上熄灭。

4)让第四个数码管显示“8”,然后马上熄灭。

5)返回到第 1 步,重复操作。

假如从 1～5 的过程所消耗的时间少于 0.1 秒的话,也就是说第 1 次显示“5”我们眼睛还在视觉暂留就已经第 2 次显示“5”了,这时在眼睛里面呈现的将会是一个连续的“5”。同理,“6、7、8”在我们眼睛里面也会是连续显示的,如图 3-10 所示。

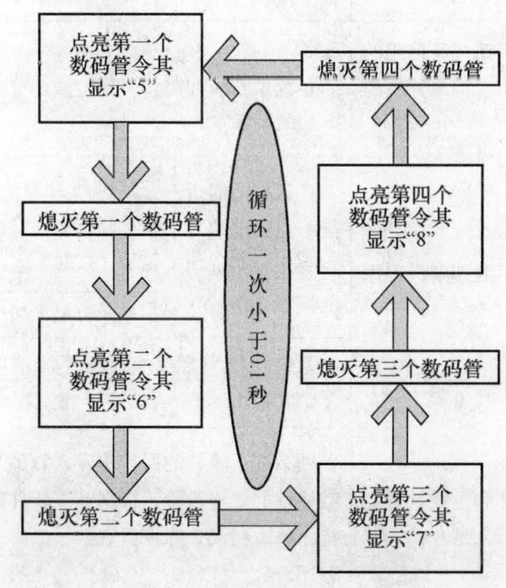

图 3-10　动态显示原理图

如图 3-10 所示，循环扫描显示每一个数码管，这样的显示方法就叫做动态显示。动态显示也叫做分时显示，在图中可以将动态显示的每一个步骤分解成为一次静态显示，只有这样才有可能共用数据端口。动态显示方法巧妙地应用了人类的视觉暂留特点。

在实际调试时显示效果不理想，则应该注意以下几点：

1）看到数码管闪烁，是因为循环一次的周期过长或者扫描速度不够快。

2）如果显示不均匀，是因为每个数码管占用的时间不一样。

3）亮度很低，是因为扫描过快了。

4）感觉有重影，是因为中间切换过程没处理好，应该先关闭显示然后再送数据。

动动手：设计显示“1234”的界面

请同学们参考案例任务，编写程序完成如下功能：开机或复位后，在单片机学习板的四位数码管上显示“1234”，编写并调试程序，下载到单片机运行，观察结果。

考核与评价

完成“显示1234界面”任务的考核与评价表3-6。

表3-6　考核与评价表

<table>
<tr><th rowspan="2">评价项目</th><th rowspan="2">评价内容</th><th rowspan="2" colspan="2">要求</th><th rowspan="2">配分</th><th colspan="3">评分</th></tr>
<tr><th>自评</th><th>组评</th><th>师评</th></tr>
<tr><td>系统的描述</td><td>描述抽奖系统的功能特点</td><td colspan="2">口头表达，简洁清楚，描述系统功能齐全</td><td>10</td><td></td><td></td><td></td></tr>
<tr><td>系统硬件组成</td><td>理解显示系统所使用的硬件器件和占用单片机的I/O口</td><td colspan="2">正确填写表3-2</td><td>10</td><td></td><td></td><td></td></tr>
<tr><td rowspan="3">软件的设计</td><td rowspan="3">对流程图的理解；程序的编写</td><td rowspan="2">在流程图的指导下正确地编写主程序，系统功能实现完整</td><td>开机或复位后，显示四位数码管上显示“1234”</td><td>25</td><td></td><td></td><td></td></tr>
<tr><td>显示效果无闪烁</td><td>15</td><td></td><td></td><td></td></tr>
<tr><td colspan="2">系统功能实现完整，程序简洁明了，容量小</td><td>5</td><td></td><td></td><td></td></tr>
<tr><td>系统的调试</td><td>调试软件和下载软件的使用</td><td colspan="2">熟悉调试软件的操作步骤，熟悉下载软件的操作步骤，根据调试软件的提示修改错误，能根据观察结果修改程序</td><td>15</td><td></td><td></td><td></td></tr>
<tr><td>安全操作规程与劳动纪律</td><td colspan="3">遵守用电安全操作规程和劳动纪律，有良好的职业道德和职业习惯</td><td>10</td><td></td><td></td><td></td></tr>
<tr><td>完成工作的表现</td><td colspan="3">遵守纪律，认真学习相关知识，积极完成工作任务，团队合作和谐</td><td>10</td><td></td><td></td><td></td></tr>
<tr><td>个人体会</td><td colspan="7">（掌握了哪些技能？学到了哪些知识？有哪些收获？）</td></tr>
<tr><td>小组评价</td><td colspan="7"></td></tr>
<tr><td>教师评价</td><td colspan="7"></td></tr>
</table>

思考与练习

1. 简述数码管的内部是由什么组成的？共阴和共阳数码管有什么区别？
2. 简述动态显示和静态显示的区别？
3. 默写共阳数码管 0～9 段码。
4. 在数码管上想要显示如下字符，请计算段码。

显示字符	共阳极数码管（十六进制）段码	共阴极数码管（十六进制）段码
—		
n		
U		
y		

任务3.2　设计按键切换多种显示界面的控制系统

【任务背景描述】

电子秤、排号机、自动售货机、自动售票系统等都具有“人机交流”的界面，用户根据自己的需求通过操作按键或者触摸屏输入信息，电子设备显示相应的结果。例如：银行的排号机显示各种银行业务分类菜单，客户可以根据自己的要求单击选择业务菜单，进入下一级菜单显示界面，进行查询信息获得排队号码。

跟我做：设计按键切换3种显示界面的控制系统

本次案例任务是设计一个按键控制的显示界面，编写程序完成如下功能：开机或复位后，在单片机学习板的四位数码管上显示“HELO”，按下按键 SW2，数码管显示 0001，按下按键 SW3，数码管显示 0002，按下按键 SW4，数码管显示 0003。编写并调试程序，下载到单片机运行，观察结果。

任务设计指导

1. 准备工作

(1) 硬件准备

单片机学习板一块，USB 线和数据线一套，电脑。

(2) 软件准备

medwin 仿真软件和 STC 下载软件。

2. 任务实施

1）在单片机学习板上思考所需要的元器件，填写占用的单片机 I/O 口，见表 3-7。

表 3-7 占用的单片机的 I/O 口

使用的元器件	占用的单片机的 I/O 口

2）使用 USB 线和数据线连接单片机学习板和电脑。

3）编写按键控制显示系统程序。

① 编写按键控制显示系统主函数。

按键控制显示系统主函数流程如图 3-11 所示。

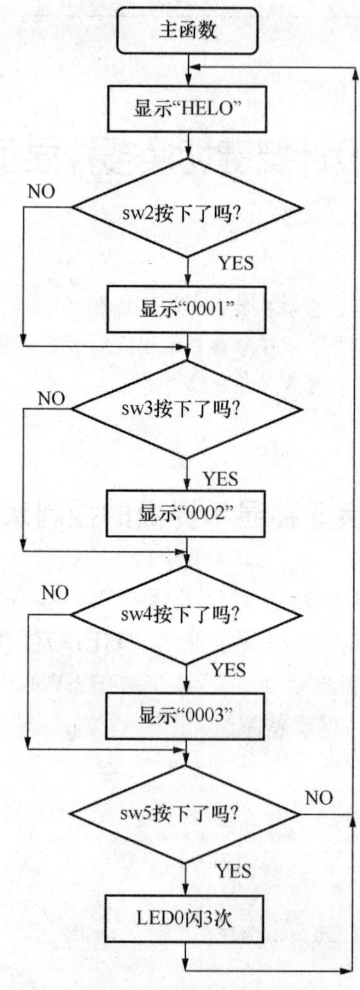

图 3-11 按键控制显示系统主函数流程图

```
/＊＊＊＊＊＊＊＊＊＊＊按键控制显示界面主函数＊＊＊＊＊＊＊＊＊＊＊
函数名称:main
函数功能:用三个按键来切换数码管的三种显示界面
＊＊＊＊＊＊＊＊＊＊＊＊＊＊＊＊＊＊＊＊＊＊＊＊＊＊＊＊＊＊＊＊＊＊＊＊＊＊＊＊＊/
sbit sw2 = P3^2;
sbit sw3 = P3^3;
sbit sw4 = P3^4;
sbit sw5 = P3^5;
void main()
{
unsigned int c;
while(1)
{xs(0x89,0x86,0xc7,0xc0 );
if(sw2 = = 0)
{delay(100);
if(sw2 = = 0)
{c = 3000;
while(c - - )
xs(0xc0,0xc0,0xc0,0xf9);}
}
if(sw3 = = 0)
{delay(100);
if(sw3 = = 0)
{c = 3000;
while(c - - )
xs(0xc0,0xc0,0xc0,0xa4);}
}
if(sw4 = = 0)
{delay(100);
if(sw4 = = 0)
{c = 3000;
while(c - - )
xs(0xc0,0xc0,0xc0,0xb0);}
}
if(sw5 = = 0)
{delay(100);
if(sw5 = = 0)
{LED(3);}
}
}
}
```

② 编写 LED 灯闪烁的子函数。

LED 灯闪烁子函数流程如图 3-12 所示。

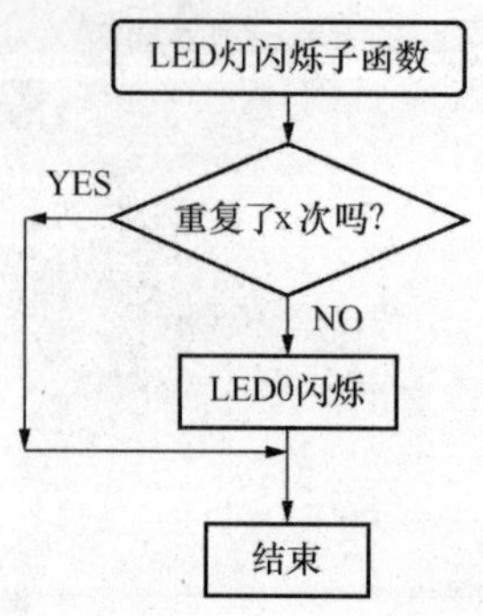

图 3-12　LED 灯闪烁子函数流程图

```
/*****************LED灯闪烁子函数*****************
**
函数名称:LED
函数功能:LED0 闪烁
输入参数:x  表示闪烁循环次数
*****************************************************
*****/
void LED(unsigned int x)
{
  while(x--)
  {
    P1_0 = 0;
    delay(5000);
    P1_0 = 1;
    delay(5000);
  }
}
```

4）利用 STC-ISP 下载 hex 文件到单片机，观察单片机的运行效果。

相关知识：独立按键工作原理认知

1. 独立按键

我们在学数电时学习过按键开关，它是一种电子开关，轻按按钮就可以使开关接通，当松开钮时开关断开。

单片机中的键盘实质上就是一组按键开关的集合，它在单片机应用系统中能实现向单片机输入数据、传送命令等功能，是人干预单片机的重要手段。下面介绍键盘的

工作原理，按键识别的过程以及识别方法。

（1）独立按键工作原理

单片机的键盘形式分为独立式键盘和矩阵式键盘两种，本任务中使用的是独立式键盘，矩阵式键盘将在项目 8 中做详细介绍。独立式键盘是指每个按键都占用单片机系统的一条 I/O 口线，各个按键之间的工作状态互不关联，通过检测输入线的电平状态可以很容易判断哪个按键按下，如图 3-13 所示。

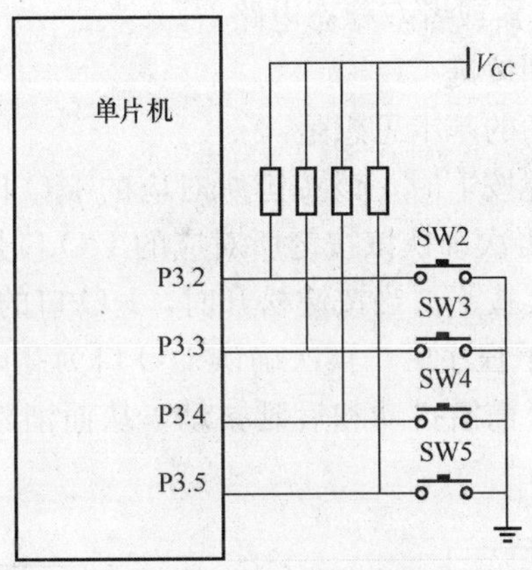

图 3-13　独立键盘原理图

右图为单片机独立键盘原理图，也是学习板上的实际电路连接图，四个按键每个按键连接一个 I/O 口，另一端接地。由图 3-13 分析可知，当按键按下时 I/O 口与地短接，端口信号为低电平“0”，当按键松开后端口信号为高电平“1”，通过判断 I/O 口信号的高低就可以知道按键是否按下。

图中的上拉电阻在学习板上是没有的，但在一些电路中有必要加上拉/下拉电阻，大小一般是 4.7K、5.1K、10K。

数字电路有三种状态：高电平、低电平、和高阻状态，有些应用场合不希望出现高阻状态，可以通过上拉电阻或下拉电阻的方式使电路处于稳定状态。同时引脚加上拉电阻可以来提高输出电平，从而提高芯片输入信号的噪声容限增强抗干扰能力。

（2）按键的识别

在识别一个按键信号时，通过对输出电压高低的判断，便可以确认按键按下与否。而按键作为一个机械的触点，它的断开和闭合并不是理想的高低之间的转换，而是如图 3-14 所示。

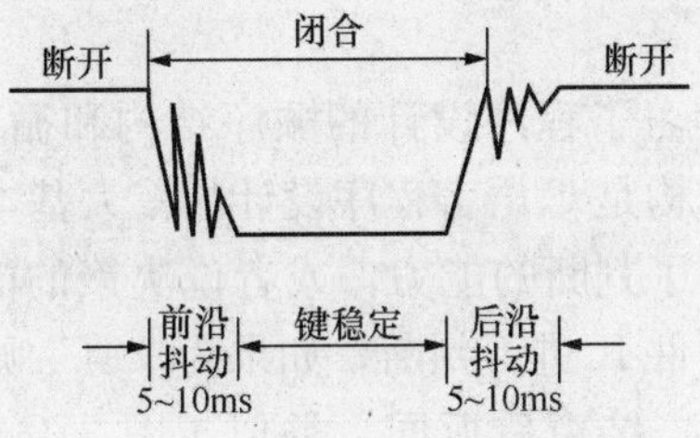

图 3-14　按键闭合时输入波形

按键未闭合时，I/O端口输入高电平，当按键完全闭合后；I/O端口输入低电平。由于按键是一种机械的触点，当按键由断开到闭合、闭合到断开的过程中会产生5～10ms的抖动期（呈现一串负脉冲），抖动时间与按键的机械特性有关。那么为了确保CPU对一次按键动作只确认一次按键有效，必须消除前沿抖动和后延抖动对程序的影响，那么就必须使用一定的手段来消除抖动。

如何消除按键的抖动？消除抖动的方法分为硬件和软件两种，硬件消除抖动可以在按键电路中采用RS触发器或者双稳态电路。

（3）软件去抖方法识别按键

采用软件消除按键抖动的基本思想是：

在第一次检测到有按键按下时，该按键所对应的I/O口应是低电平，执行一段延时5～10ms的子程序后，再次确认该按键所对应的I/O口是否仍为低电平，如果仍为低电平，则确认为按键确实按下。当按键松开时，I/O口的状态由低电平变为高电平，执行一段延时5～10ms的子程序后，再次确认I/O口为高电平，说明按键确实已经松开。采取以上措施，躲开了前沿抖动和后延抖动，从而消除了按键抖动的影响，流程如图3-15所示。

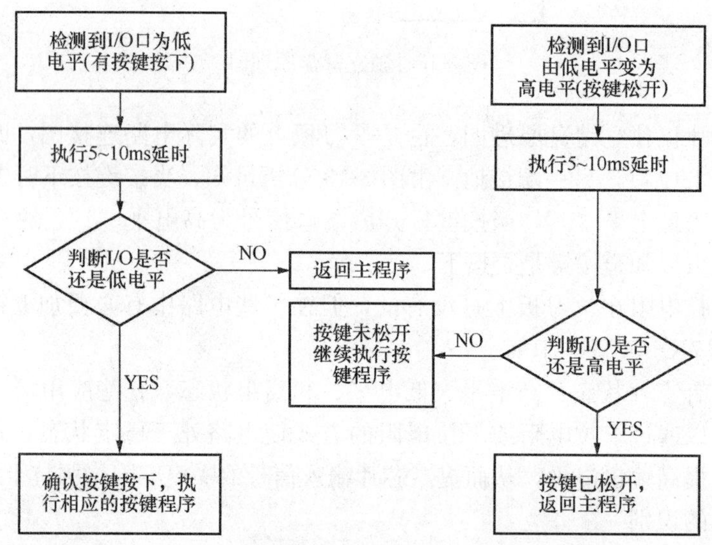

图3-15　按键按下/松开扫描程序流程图

2. 选择结构程序设计

在之前的项目中我们学习了程序设计的顺序结构和循环结构，顺序结构、循环结构与我们现在介绍的选择结构是C语言程序设计的三大基本结构。

选择结构使单片机拥有了判断的能力，或者说决策的能力。如图3-16所示为选择结构的一种形式：直接对条件K进行判断，如果为“真”则处理程序A，结束后返回；如果为“假”则处理程序B，结束后返回。类似于图3-14中按键处理流程中的判断，

以上处理流程在C语言中通常由if…else…语句来实现，我们将在接下来的内容中做详细介绍。

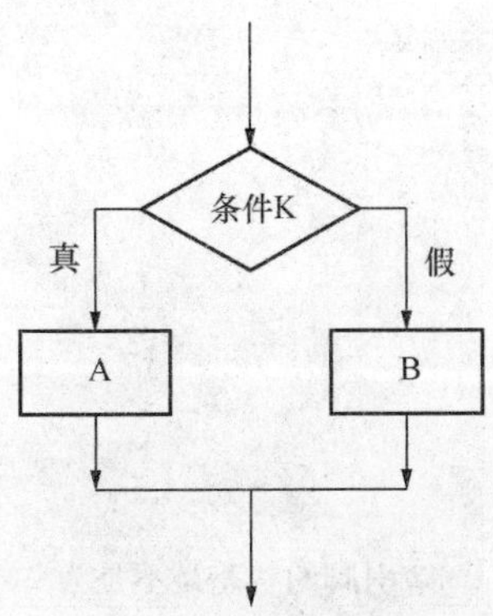

图3-16 选择结构流程图

选择结构程序通常用来实现对同一变量不同的结果执行不同的处理程序。例如判断当变量a=1时，执行一种程序；当a=2时，执行另一种程序。这样的过程就可以用选择结构实现。

3. if语句的功能

if语句是实现C语言选择结构程序设计的主要语句。if语句叫做条件语句，if翻译成中文就是“如果”的意思，if在程序中的具体用法类似于“如果……就……”或者“如果……就……否则……”，也就是当条件符合时就执行语句。

if语句也有人叫做判断语句，其关键字由if组成，在C语言中if语句有三种形式，本次任务用了第一种形式：

if（表达式）语句1；

其中“表达式”就是判断条件，如果是真（或者非0）就执行后面的语句1，否则（假或者为0）就跳过语句1，执行后面的程序。

例3.5

```
a = 2;
if(P3_2 = = 0)a = 1;
b = 1;
```

上面语句的意思首先给a赋2，然后判断P3.2引脚的状态是不是为0，如果为0，则给a赋1，然后给b赋1，此时a = b = 1。

如果P3.2引脚的状态不为0，则跳过a = 1；这句直接执行b = 1；，此时a的值是2，b的值为1。

上例通过一个if判断语句实现了P3.2在不同状态下，对变量a的不同影响。

假如语句1是多条语句的话，那么就把这些语句用大括号括起来，可以写为：

```
if（表达式）
    {语句1；
```

语句 2;

....

}

例 3.6

```
a = c = 2;
if(P3_2 = = 0)
    {a = 3;
    c = 4;
    }
b = 1;
```

首先给 a,c 值都赋 2,然后判断 P3.2 引脚的状态是不是为 0,如果为 0,则给 a 赋 3,给 c 赋 4,然后给 b 赋 1,此时 a = 3,c = 4,b = 1。

如果 P3.2 引脚的状态不为 0,则跳过大括号内语句直接执行"b = 1;",此时 a = c = 2,b = 1。

通过 if 判断语句实现了 P3.2 在不同的状态时,对变量 a 和 c 的不同影响。

if 第一种形式流程图如图 3-17 所示。

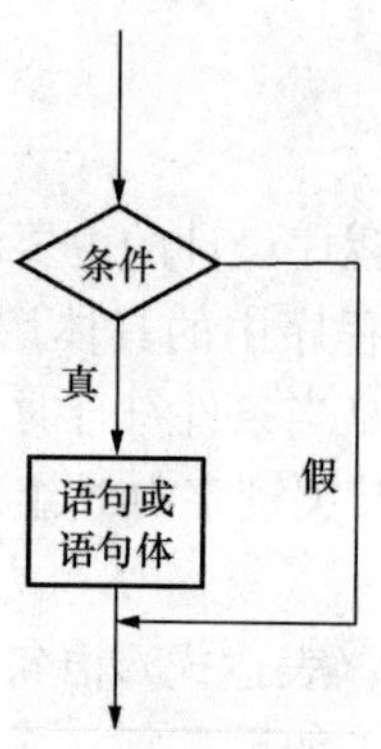

图 3-17　if 语句第一种形式流程图

知识拓展：if 语句的其他功能简介

1. if 语句的其他形式

(1) if 语句的第二种形式：if... else...

用法：

```
    if（表达式）
语句 1;
    else
语句 2;
```

其中语句 1、语句 2 同样可以换成多条语句，这时要把多条语句用大括号括起来。

例 3.7

```
a = 2;
  if(P3_2 = = 0)
     a = 1;
  else
     a = 3;
  b = 1;
```

程序意思是首先给 a 赋 2，然后判断 P3.2 的值是不是为 0。如果为 0，给 a 赋 1，否则给 a 赋 3，然后给 b 赋 1。在这里 a 的最终结果要么是 1 要么是 3，第二种形式的流程图如图 3-18 所示。

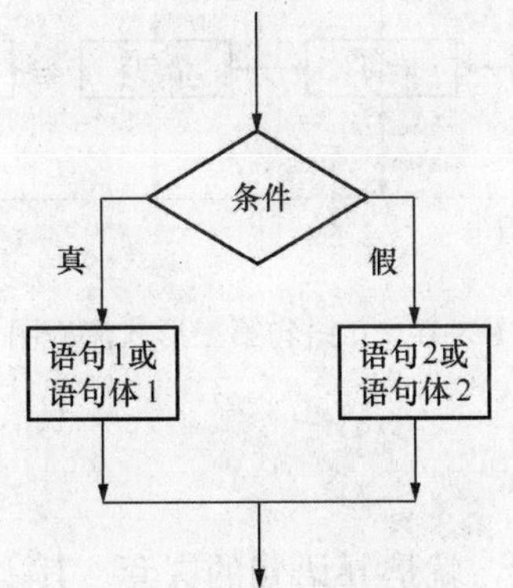

图 3-18　if 语句第二种形式流程图

（2）第三种形式：if…else…if

用法：

```
if（表达式 1）
  语句 1;
else  if（表达式 2）
  语句 2;
else  if（表达式 3）
  语句 3;
  ......
else  if（表达式 m）
  语句 m;
else
  语句 n;
```

其意义是：先判断表达式 1 的值，如果为“真”，则执行语句 1，如果表达式 1 的值为“假”，则再判断表达式 2 的值，如果表达式 2 的值为“真”，则执行语句 2，否则继续判断表达式 3 的值，就这样依次判断表达式的值，当出现某个值为“真”时，则执行其后面对应的语句，语句执行完后跳到整个 if 语句之外继续执行程序代码。如果所有的表达式都为“假”，那么执行语句 n，即最后一个 else 后面的语句，然后再执行后面的程序代码。if… else…if 语句执行过程如图 3-19 所示。

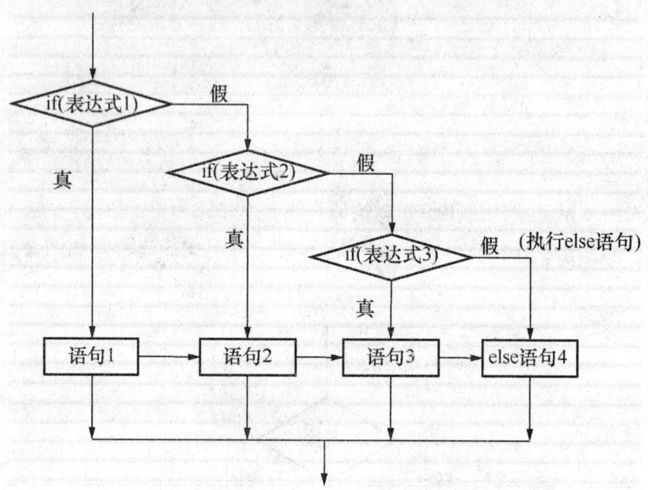

图 3-19 if 语句第三形式流程图

2. if 语句的嵌套使用

在 if 语句里面再写 if 语句，就是 if 语句的嵌套。其一般表现形式如下：

```
  if(表达式)          或者          if(表达式)
      if 语句；              if 语句；
else
if 语句；
```

嵌套部分的 if 语句可能是简单的 if 类型也有可能是 if… else… 类型，甚至是复杂的很多层的 if… else… if 类型。这个时候就需要特别注意他们的层次关系，以及 if 和 else 的配对关系，要养成良好的编程习惯，层次分明，不仅易于阅读，而且可以避免出错。

```
例 3.8
if(表达式 1)
if(表达式 2)
  语句 1；
else  语句 2；
```

例 3.9

例 3.9 中有两个 if 和两个 else,第一个 else 与其最近的 if 配对(第二个 if),那么第二个 else 则与第一个 if 配对。

程序的意义为:如果 x 的值大于等于 0,则进入内嵌 if 判断:这时如果 x 大于 0,则给 y 赋 1,否则(也就是 x = 0),给 y 赋 0。若 x 既不大于 0 也不等于 0(小于 0),则进入第二个 else,给 y 赋 - 1,如下:

若 x>0,y = 1

若 x = 0,y = 0

若 x<0,y = - 1

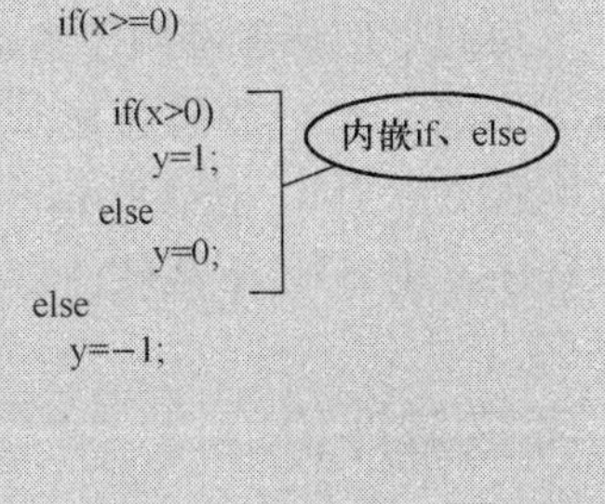

3. 使用 if 语句要注意的问题

1）在所有形式的 if 语句中，if 之后的均为表达式，它除了常见的关系表达式或逻辑表达式以外，也可以是其他类型的数据，如整形、实型、字符等。

例 3.10

```
if(x>100)语句;
if(a)语句;
if(1)语句;
```

以上几种写法都是正确的,只要括号里的表达式为非 0,就会执行后面的语句,否则就不执行。

2）在 if 语句中，条件判断语句必须用括号将表达式括起来，而且在执行的语句后面必须加上分号。

3）如果 if 后面的语句为多条语句，应把这些语句用“{}”括起来，称之为复合语句。在 C 语言中每一条语句的后面必须加上“;”，在复合语句中，需要注意的是，分号应该加在“}”之内，而不是外面。

例 3.11

```
if(P3_2 = = 0)
    {a = 3;
    c = 4};
```

这样是错误的,最后一个分号应在在“}”里面。

在 C 语言中有许多括号，例如“{}、[]、()”，这对刚学习 C 语言的人来说，很容易搞混。在 C 语言中这些括号的分工是比较明确的；“{}”用于将若干条语句组合到一起形成一个复合语句，复合语句里面的每一个单条语句也必须用“;”结束。复合语句是允许嵌套的，也就是说在 {} 中的 {} 也是复合语句。C 语言可以将复合语句视为一条单语句，也就是说在语法上等于一条单语句；“[]”号用于数组；“()”用于写条件判断语句，例如 if 语句中的表达式外面要加小括号。

动动手：设计按键切换 4 种显示界面的控制系统

请同学们参考案例任务，编写程序完成如下功能：开机或复位后，显示“GXJD”，按下按键 SW2，数码管显示 101，按下按键 SW3，数码管显示 102，按下按键 SW4，数码管显示 103，按下按键 SW5，8 只 LED 灯一起闪八次。用 medwin 仿真软件编写调试程序，用 STC 下载软件将程序下载到单片机运，观察结果。

考核与评价

完成“设计按键切换 4 种状态界面的控制系统”任务的评价表 3-8。

表 3-8　考核与评价表

<table>
<tr><th rowspan="2">评价项目</th><th rowspan="2">评价内容</th><th rowspan="2" colspan="2">要求</th><th rowspan="2">配分</th><th colspan="3">评分</th></tr>
<tr><th>自评</th><th>组评</th><th>师评</th></tr>
<tr><td>系统的描述</td><td>描述抽奖系统的功能特点</td><td colspan="2">口头表达，简洁清楚，描述系统功能齐全</td><td>10 分</td><td></td><td></td><td></td></tr>
<tr><td>系统硬件组成</td><td>理解按键切换显示系统所使用的硬件器件和占用单片机的 I/O 口</td><td colspan="2">正确填写表 3-7</td><td>10 分</td><td></td><td></td><td></td></tr>
<tr><td rowspan="6">软件的设计</td><td rowspan="6">对流程图的理解；程序的编写</td><td rowspan="5">在流程图的指导下正确地编写主程序，系统功能实现完整</td><td>开机或复位后，显示四位数码管上显示“GXJD”，无闪烁</td><td>8 分</td><td></td><td></td><td></td></tr>
<tr><td>按下按键 SW2，数码管显示 101</td><td>8 分</td><td></td><td></td><td></td></tr>
<tr><td>按下按键 SW3，数码管显示 102</td><td>8 分</td><td></td><td></td><td></td></tr>
<tr><td>按下按键 SW4，数码管显示 103</td><td>8 分</td><td></td><td></td><td></td></tr>
<tr><td>按下按键 SW5，8 只 LED 灯一起闪八次</td><td>8 分</td><td></td><td></td><td></td></tr>
<tr><td colspan="2">系统功能实现完整，程序简洁明了，容量小</td><td>5 分</td><td></td><td></td><td></td></tr>
<tr><td>系统的调试</td><td>调试软件和下载软件的使用</td><td colspan="2">熟悉调试软件的操作步骤，熟悉下载软件的操作步骤，根据调试软件的提示修改错误，能根据观察结果修改程序</td><td>15 分</td><td></td><td></td><td></td></tr>
<tr><td>安全操作规程与劳动纪律</td><td colspan="3">遵守安全操作规程和劳动纪律，有良好的职业道德和职业习惯</td><td>10 分</td><td></td><td></td><td></td></tr>
<tr><td>完成工作的表现</td><td colspan="3">遵守纪律，认真学习相关知识，积极完成工作任务，团队合作和谐</td><td>10 分</td><td></td><td></td><td></td></tr>
<tr><td>个人体会</td><td colspan="7">（掌握了哪些技能？学到了哪些知识？有哪些收获？）</td></tr>
<tr><td>小组评价</td><td colspan="7"></td></tr>
<tr><td>教师评价</td><td colspan="7"></td></tr>
</table>

思考与练习

1. 简述按键识别过程中软件去抖过程。

2. 画出下列程序段的流程图。

(1)

```
void main ()
{   unsigned char x, y, z;
    if (x>y)
    z=0;
    else
    z=1;
}
```

(2)

```
void main ()
{   unsigned char k1, k2, k3;
  if (k1==0)
     k3=k2+5;
  if (k1==1)
     k3=k2;
  if (k1==2)
     k3=k2-5;
}
```

3. 求d的最后值为多少?

(1)

```
void main ()
{ int a=1, b=2, c=3, d=0;
  if (a==1)
     d=a+b;
  if (a==2)
     d=a+c;
  if (a==3)
     d=a;
}
```

(2)

```
void main ()
{unsigned char x=1987, y=1, d=0;
 if (y! =0)
    d=x/100;
    else
    d=x%1000%100/10;
}
```

(3)

```
void main ()
{unsigned char k1=5, k2=6, d=8;
```

```
if (k1>=k2)
  {
    d++;
    if (k1>k2)
    d--;
    else
    d=5*d
  }
}
```

任务3.3 设计自动售货机控制系统

【任务背景描述】

如今，在人流密集的机场、车站、医院等公共场合经常可以看到自动售货机的身影，自动售货机品种繁多，有饮料自动售卖机、有报纸自动售卖机、有自动售票机等。自动售货机使用方便，节省人力和空间，得到各国人们的喜爱。

跟我做：设计日常用品自动售卖控制系统

本次任务是设计一个自动售卖柜控制系统，自动售货柜售卖三种商品：小包纸巾(1元)、矿泉水（单价2元)、冰红茶（单价3元)，顾客通过投币来购买选中的商品。

编写程序完成如下功能：开机或复位后，在售货柜的四位数码管上显示欢迎界面"HELO"，按下按键表示选择不同的商品，数码管显示顾客应付的钱款。例如：按下按键SW1，数码管显示1，按下按键SW2，数码管显示2，按下按键SW3，数码管显示3。顾客在投币口投币付款，每次投入一元硬币，则数码管显示的应付款数减一，当数码管显示减到0时，表示付款完毕，自动售货柜的机械系统把对应的商品推出来。编写并调试程序，下载到单片机运行，观察结果。

任务设计指导

1. 准备工作

(1) 硬件准备

单片机学习板一块，自动售货柜模型一个，USB线和数据线一套，电脑一台。

(2) 软件准备

medwin仿真软件和STC下载软件。

2. 任务实施

1) 在单片机学习板上思考所需要的元器件，填写占用的单片机I/O口，见表3-9。

表 3-9　占用的单片机 I/O 口

使用的元器件	占用的单片机 I/O 口

2）使用 USB 线和数据线连接单片机学习板和电脑，使用飞线连接单片机学习板和自动售货柜模型。

3）编写自动售货柜控制系统程序。

```
/********************位定义********************/
sbit yingbi = P3_5;//投币口硬币检测位
sbit motor1 = P1_1;sbit motor2 = P1_2;sbit motor3 = P1_3;//三个出货电机控制端
sbit sw1 = P3_2;sbit sw2 = P3_3;sbit sw3 = P3_3;//三个按键接收端
```

4）编写主函数。

显示“HELO”主函数流程如图 3-20 所示。

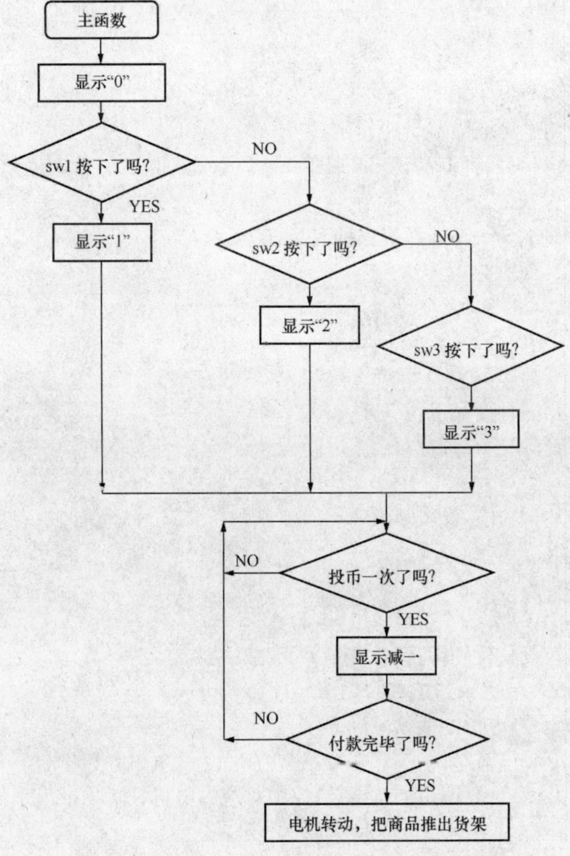

图 3-20　显示“HELO”主函数流程图

```
/**************自动售货柜控制主函数***************
函数名称:main
函数功能:售卖三种商品的自动售货柜的控制函数
*****************************************************/
void main()
{
  unsigned char qian = 0,lei = 0;//定义表示钱款的变量 qian,定义表示货物种类的变量 lei
  while(1)
{
  xs(10,10,10,qian);//在第四个数码管上显示应付的钱款,刚开机为 0
  if(sw1 = = 0)//按下 SW1 键选择第一种商品:纸巾
{
  delay(100);
  if(sw1 = = 0)
    {
    qian = 1;//第一种商品应付 1 元,变量 qian
    lei = 1;//选择第一种商品,变量 lei = 1
    }}
  if(sw2 = = 0)//按下 SW2 键选择第二种商品:矿泉水
    {
      delay(100);
      if(sw2 = = 0)
      {
      qian = 2;//第二种商品应付 2 元,变量 qian
      lei = 2;//选择第二种商品,变量 lei = 2
    }}
  if(sw3 = = 0)//按下 SW3 键选择第三种商品:矿泉水
    {
      delay(100);
      if(sw3 = = 0)
      {
      qian = 3;//第三种商品应付 3 元,变量 qian
      lei = 3;//选择第三种商品,变量 lei = 3
    }}
  if(yingbi = = 0)        //投币判断
    {
      delay(100);
      if(yingbi = = 0)
      {qian - -;//投一枚硬币,钱款变量 qian 减一
      while(yingbi = = 0)xs(10,10,10,qian);
    if(qian< = 0)//当应付的钱款减到 0
    {
      tui(lei);           //调用 tui 函数,控制对应的电机把货物推出来
      lei = 0;
  }}}}}
```

```
***************数码管段码数组和显示子函数***************
unsigned char code table[ ]
={0xc0,0xf9,0xa4,0xb0,0x99,0x92,0x82,0xf8,0x80,0x90,0xff,0x89,0x86,0xc7};
void xs(unsigned char x1,x2,x3,x4)
{
  P2_7=1;P2_4=0;
  P0=table[x1];
  delay(50);
  P2_4=1;P2_5=0;
  P0=table[x2];
  delay(50);
  P2_5=1;P2_6=0;
  P0=table[x3];
  delay(50);
  P2_6=1;P2_7=0;
  P0=table[x4];
  delay(50);
}
```

```
/***************出货电机组控制子函数*****************
函数名称:tui
函数功能:控制三个电机的运行,把相应的货物推出物料槽
入口参数:lei
*****************************************/
void tui(unsigned char x)
{
  if(x==1)
  {
    motor1=0;
    delay(50000);
    motor1=1;
  }
  if(x==2)
  {
    motor2=0;
    delay(50000);
    motor2=1;
  }
  if(x==3)
  {
    motor3=0;
    delay(50000);
    motor3=1;
  }}
```

5）利用 STC-ISP 下载 hex 文件到单片机，观察单片机的运行效果。

相关知识：C51 数组的基本认知

数组是 C51 的一种构造类型，它是由相同相同数据类型组成的一个数据队列。数组是 C51 中很重要的一部分，它应用给 C 程序的编写带来了很大的方便，也增添了很多的灵活性。

这里举一个例子来加深对数组的理解：在做数码管显示程序时，假如要求数码管显示的数字变化量较多，就需要我们记住每个数字的段码并在恰当的地方应用，一旦记错或者用错，很容易造成整个程序的错误。

这时就可以借用数组把所有数字的段码装在数组里面，当需要用哪个时就相应的取出来。这好比写字，遇到了不会写的汉字就去查字典，而数组就像一个字典，编程人员事先把需要的东西装进去，当程序需要里面的东西时，就可以直接调出。

那么如何往数组里面装东西，又如何查找数组里的数据？我们应先对数组的一些基本知识做了解。

（1）数组的分类

数组分为一维数组、二维数组和多维数组。

一维数组是指数组里面的数据全部是平等关系，就像列队一样一个挨着一个排列成一个数组。

（2）一维数组的定义

一维数组的定义方式如下：

类型说明符　　数组名　［常量表达式］；

其中，类型说明符表示数组里面数据的类型，可以是任意的数据类型，如整形、实型、字符型等。常量表达式可以是任意类型，一般为算术表达式，其值表示数组的元素个数，即数组的长度，必须用“[]”括起，括号里面的数不能是变量只能是常量。

例 3.12

int a[10];

它表示数组的名字叫 a，此数组里面有 10 个元素，这 10 个元素的类型全部是整型。

char m[15],n[11];

字符型数组 m 里面有 15 个元素，字符型数组 n 里面有 11 个元素。

【注意】

1）数组名后面使用方括号括起来的，不能用圆括弧，下面的做法不对：

int　a（10）；

2）不允许对数组的大小做动态定义，下面的定义是不允许的：

int n=10；

int a［n］；

3）可以同时定义多个数组，还可以同时定义数组和变量，如：

char　m [15], n [11], K, g;

4) 在取数组名时，注意不要与其他变量同名。

5) 二维数组的定义类似于一维数组，只不过多了一个常量表达式，如：

int　b [2] [3];

表示整形二维数组 b 里面含有 2 个元素，每个元素里面又各含有 3 个元素。

(3) 一维数组元素的引用

一个数组定义之后，那么这个数组里面的元素就共用一个数组名，在此就以它们的下标来区别各个元素。对数组的操作归根结底就是对数组元素的操作。

数组元素的表现形式为：

数组名 [下标]

例 3.13

int a[10];

定义一个含有 10 个元素的数组 a,那么这 10 个元素分别是:a[0],a[1],a[2],a[3],a[4],a[5],a[6],a[7],a[8],a[9],

若执行 b=a[3];这句话的意思就是把数组中第四个元素 a[3]的值赋给 b。

【注意】

1) 数组元素的下标从 0 开始，如数组 a 中 a [0] ～a [9]，a [1] 就是引用数组中的第 2 个元素了，如果用了 a [10] 就会有错误出现了。

2) C 语言对数组元素的下标不作越界检查，如数组 a 中不存在数组元素 a [10]，但在程序中使用不作错误处理，所以在使用数组元素时要特别小心。

3) 数组在内存分配到的空间是连续的，数组元素按其下标递增的次序占用相应字节的内存单元。

4) 二维数组的引用类似于一维数组，例如 a [0] [0]，是指二维数组 a 第一组元素中的第一个元素。

(4) 一维数组元素的初始化

对数组元素的初始化可以用几种方法实现，本次任务使用的例 3.15 所示的初始化方法。

在定义数组时对数组元素赋初值：

例 3.14

int a[10]={0,1,2,3,4,5,6,7,8,9};

将数组元素的初值依次放在大括号内,之间用逗号隔开。经过上面定义的初始化后,a[0]=0,a[1]=1,a[2]=2,a[3]=3,a[4]=4,a[5]=5,a[6]=6,a[7]=7,a[8]=8,a[9]=9。

知识拓展：数组知识拓展

1. 一维数组元素的初始化的其他方法

案例任务的使用知识中介绍了数组元素初始化的一种方法，数组元素初始化还有

以下几种情况：

1）可以只对部分元素赋初值。

例 3.15

```
int a[10] = {0,1,2,3};
```

定义数组 a 里面有 10 个元素，但是之给前面的 5 个元素赋了初值，分别是 0、1、2、3，后面的 5 个元素值为 0。

2）如果想使一个数组中全部元素值为 0，可以写成：

例 3.16

```
int a[10] = {0,0,0,0,0,0,0,0,0,0};或者 int a[10] = {0};
```

3）在对全部数组元素赋初值时，可以不指定数组的长度。

2. 多维数组知识

（1）多维数组简介

二维数组是指数组里面的数据有两层关系，如果一维数组相当于站队的一排的话，那么二维数组就相当于一个方块阵营，这个方块阵营包括 2 个元素，一个是排号（1 排、2 排、3 排……），另一个是每排有多少人，通过这两个元素我们就能准确的确定这个方块阵营里的每一个人，二维数组的结构也类似方块阵营。

多维数组是指数组里面的数据有超过两层以上的关系，多维数组的结构较为复杂。

（2）二维数组定义

二维数组的定义方式如下：

类型说明符　　数组名　[常量表达式 1][常量表达式 2]；

其中，类型说明符表示数组里面数据的类型，可以是任意的数据类型，如整型、实型、字符型等。常量表达式 1 的值表示数组的元素行数，常量表达式 2 的值表示数组的元素列数。

例 3.17

```
unsigned char tt[2][3];
```

它表示数组的名字叫 table，此二维数组里面有 2 行 1 列的元素，元素的类型为 unsigned char。

```
tt[0][0]    tt[0][1]    tt[0][2]
tt[1][0]    tt[1][1]    tt[1][2]
```

二维数组在 ROM 的存储情况：

```
tt[0][0]tt[0][1]tt[0][2]tt[1][0]tt[1][1]tt[1][2]
```

（3）二维数组初始化

例 3.18

```
unsigned char table[2][3] = {{1,2,3},{2,3,2}};unsigned int table[ ][3] = {{1,2,3},{2,3,2}};//第一维"长度"省略的初始化
```

3. 在C51程序中数组使用的注意事项

数组也是能赋初值的，前面介绍的定义方式只适用于定义在内存 data 存储器中，有时我们需要把一些数据表存放在数组中，通常这些数据时不用在程序中改变数值的，这个时候就要把这些数据在程序编写时就赋给数组。因为 51 芯片的片内 RAM 很有限，通常会把 RAM 分给参与运算的变量，而那些程序中不变的数据应存放在片内的 code 存储区，达到节省 RAM 的目的。这些存放在 code 区的数组在写程序时候，一般都写在程序的开头程序主体上面、全局变量定义的下面。

赋初值的一般形式如下：

数据类型　存储器类型数组名［常量表表达式］＝｛常量表达式｝；

在为数组赋初值时，初学者有时会搞错初值个数和数组长度的关系，从而导致编译错误。初值的个数必须小于数组的长度，不指定长度则会在编译时由实际的初值个数自动设置。

例 3.19

```
unsigned  char  code  table  [5]={0x11,0x08,0x13,0x00,0x44};
数据类型  存储器类型  数组名  元素个数      每个元素的值
```

所以我们在写数码管显示程序时可以先把需要用到的数字或字母段码写入数组，放在程序开头，在写主程序时如需用到里面的数据就可以直接通过写数组元素的形式调用了。

例 3.20

```
int a[5]={0,1,2,3,4};可以写成
int a[  ]={0,1,2,3,4};
```

第二种写法中，大括号里面有 5 个数，系统会根据此自动定义数组 a 的数组长度为 5。所以如果要想定义的数组长度为 10 的话，大括号里必须要有 10 个数。

动动手：设计地铁自动售票控制系统

南宁地铁站线正在动工修建，请您设计一个地铁自动售票控制系统，自动售票柜有四种类型的车票出售，具体情况如表 3-10 所示。

表 3-10　地铁票价表

票的类型	地铁站站名	票单价/元
1	3 个站内（含 3 个）	3
2	6 个站内（含 6 个）	7
3	8 个站内（含 8 个）	10
4	8 个站以上	12

顾客通过按键来选择不同类型的地铁票，投币来购买。

编写程序完成如下功能：开机或复位后，在售货柜的四位数码管上显示欢迎界面“NNDT”，按下按键表示选择不同类型的地铁票，数码管显示顾客应付的钱款。例如：按下按键 SW1，数码管显示 3，按下按键 SW2，数码管显示 7，按下按键 SW3，数码管显示 10，按下 SW4，数码管显示 12。顾客在投币口投币付款，每次投入一元硬币，则数码管显示的应付款数减 1，当数码管显示减到 0 时，表示付款完毕，自动售票柜的机械系统把对应的地铁票推出来。编写并调试程序，下载到单片机运行，观察结果。

考核与评价

完成“设计地铁自动售票控制系统”任务的考核与评价表 3-11。

表 3-11　考核与评价表

<table>
<tr><th rowspan="2">评价项目</th><th rowspan="2">评价内容</th><th rowspan="2" colspan="2">要求</th><th rowspan="2">配分</th><th colspan="3">评分</th></tr>
<tr><th>自评</th><th>组评</th><th>师评</th></tr>
<tr><td>系统的描述</td><td>描述抽奖系统的功能特点</td><td colspan="2">口头表达，简洁清楚，描述系统功能齐全</td><td>10</td><td></td><td></td><td></td></tr>
<tr><td>系统硬件组成</td><td>理解按键切换显示系统所使用的硬件器件和占用单片机的 I/O 口</td><td colspan="2">正确填写表 3-9</td><td>10</td><td></td><td></td><td></td></tr>
<tr><td rowspan="5">软件的设计</td><td rowspan="5">对流程图的理解；程序的编写</td><td rowspan="4">在流程图的指导下正确地编写主程序，系统功能实现完整</td><td>开机或复位后，在售货柜的四位数码管上显示欢迎界面“NNDT”</td><td>5</td><td></td><td></td><td></td></tr>
<tr><td>按下按键 SW1，数码管显示 3，按下按键 SW2，数码管显示 7，按下按键 SW3，数码管显示 10，按下 SW4，数码管显示 12</td><td>20</td><td></td><td></td><td></td></tr>
<tr><td>顾客在投币口投币付款，每次投入一元硬币，则数码管显示的应付款数减 1</td><td>7</td><td></td><td></td><td></td></tr>
<tr><td>当数码管显示减到 0 时，自动售票柜的机械系统把对应的地铁票推出来</td><td>8</td><td></td><td></td><td></td></tr>
<tr><td colspan="2">系统功能实现完整，程序简洁明了，容量小</td><td>5</td><td></td><td></td><td></td></tr>
</table>

续表

评价项目	评价内容	要求	配分	评分		
				自评	组评	师评
系统的调试	调试软件和下载软件的使用	熟悉调试软件的操作步骤，熟悉下载软件的操作步骤，根据调试软件的提示修改错误，能根据观察结果修改程序	15分			
安全操作规程与劳动纪律	遵守安全操作规程和劳动纪律，有良好的职业道德和职业习惯		10分			
完成工作的表现	遵守纪律，认真学习相关知识，积极完成工作任务，团队合作和谐		10分			
个人体会	（掌握了哪些技能？学到了哪些知识？有哪些收获?）					
小组评价						
教师评价						

思考与练习

1. 判断下列语句的对错并修改错误。

（1）int a[3]={0,1,2,3}。

（2）int gx{3}。

（3）unsigned char code XX[5]={0x11,0x08,0x13}。

（4）char mm[n]。

2. 将下面程序改写成数组表示的形式。

```
#include<AT89X51.H>
void  main()
{
  while(1)
    {
      P0 = 0xA4;
      P2_4 = 0;
      P0 = 0xFF;
      P2_4 = 1;
      P0 = 0xC0;
      P2_5 = 0;
      P0 = 0xFF;
      P2_5 = 1;
      P0 = 0xF9;
      P2_6 = 0;
```

```
            P0 = 0xFF;
            P2_6 = 1;
            P0 = 0xC0;
            P2_7 = 0;
            P0 = 0xFF;
            P2_7 = 1;
        }
    }
```

3. 填空题。

(1) unsigned char table[8]={0x00,0x11,0x22,0x39,0x40,0x67,0x90,0xc8};

求：table[0]=__________;

table[3]=__________;

table[7]=__________。

(2) unsigned char list[3][6]=

{{0x3c,0x60,0x22,0x90,0x80,0xf7},{0x1c,0x99,0xf3,0xce,0xa8,0xff},{0x54,0x61,0x77,0xe2,0x33,0x65}};

求：list[0][2]=__________;

list[1][0]=__________;

list[2][5]=__________。

项目 4 设计选号系统

项目任务与目标

项目包含的工作任务

1. 设计按键控制流水灯系统
2. 设计抽奖系统

项目应达到的教学目标

通过以上两个工作任务的实训，应达到以下几个教学目标：

1. 掌握中断的概念，理解中断的过程
2. 掌握 MCS-51 单片机外部中断系统的结构和控制方法
3. 掌握 C51 中断函数的结构和编写方法

选号机在博彩行业、交通行业起着重要的作用。我们也许会好奇大街上跑的机动车的车牌号码是怎么订出来的？我国机动车上牌时车牌号码的选择采用的是机动车自主选号的方法，例如常用的“十选一”自动选号系统，工作时电脑屏幕上显示待选的号牌号码共 100 个，当客户按下“开始”键时，待选的车牌号码将随机滚动，按下“结束”键，屏幕显示的车牌号码就会停止滚动，给客户提供十个车牌号码，客户最后可以从十个号码中选中自己喜爱的车牌号码。这个过程是不是很奇特呢？其实我们也可以利用单片机系统来自己设计一个选号系统。

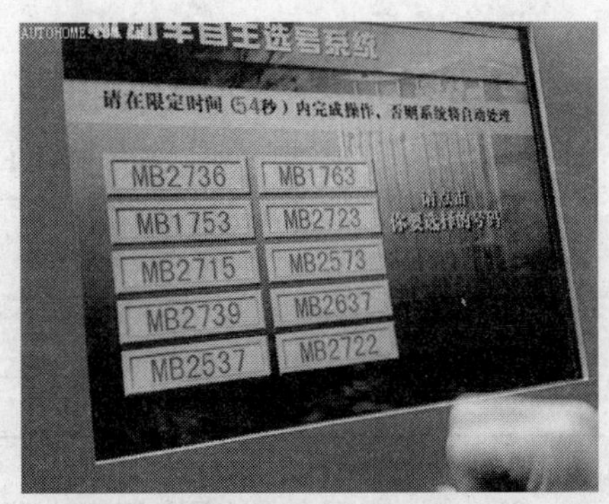

机动车“十选一”选号系统界面 1

任务4.1 设计按键控制流水灯系统

【任务背景描述】

流水灯是指一组灯亮灭变化呈现一种“水滴流动”效果，其原理是：一个灯组中每次只亮一盏灯或者一段灯条，灯灭的同时其临近的另一盏灯亮，以此类推亮灭变化，变化速度快的时候看上去好像“水滴流动”一样。本次任务使用按键来控制流水灯的流动和停止。

跟我做：设计按键控制单个流水灯左移和停止系统

编写程序完成如下功能：开机或复位后，在单片机学习板上实现 8 只 LED 显示单灯左移流水灯的效果，按下停止按键 SW2，流水灯停止移位，原地闪动，按下恢复 SW3 键，流水灯继续移位。编写并调试程序，下载到单片机运行，观察结果。

任务设计指导

1. 准备工作

（1）硬件准备

单片机学习板一块，USB 线和数据线一套，电脑一台。

（2）软件准备

medwin 仿真软件和 STC 下载软件。

2. 任务实施

1）思考所需要的元器件，填写占用的单片机 I/O 口，如表 4-1 所示。

表 4-1 占用的单片机 I/O 口

使用的元器件	占用的单片机 I/O 口

2）首先实现 8 只 LED 灯产生流水灯的效果，使用我们在课本项目 2 中学到的左移（或者右移）指令，每次只点亮 1 只 LED 灯，然后按顺序轮流点亮余下的 7 只 LED 灯，无限循环该段程序。

主函数流程如图 4-1 所示。

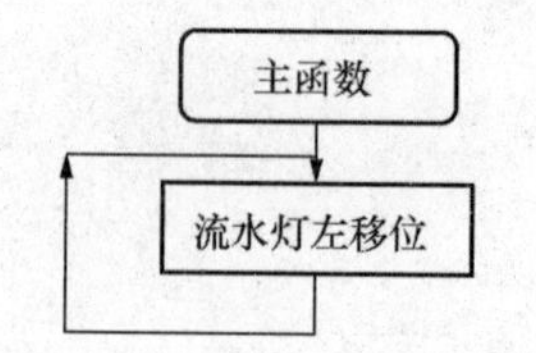

图 4-1 流水灯主程序参考流程图

编写流水灯程序的方法如下：

```
/******************延时子函数*********************
函数名称:delay
函数功能:延时
入口参数:x
*****************************************/
void delay(unsigned int x)
{
while(x--);
}
```

```
/******************左移流水灯主函数************
函数名称:main
函数功能:左移点亮单个 LED 灯
*****************************************/
void main()
{
    unsignod  char i,a,b,k=0xfo;
    P1=k;
    delay(50000);
  for(i=1;i<8;i++)
    {
      a=k<<i;
      b=k>>(8-i);
      P1=a|b;
      delay(50000);
      }
}
```

3）使用外部中断来实现按键停止流水灯移位，确认单片机外部中断 0 引脚连接一个按键。在主函数中加入对外部中断的设置，如图 4-2 所示。

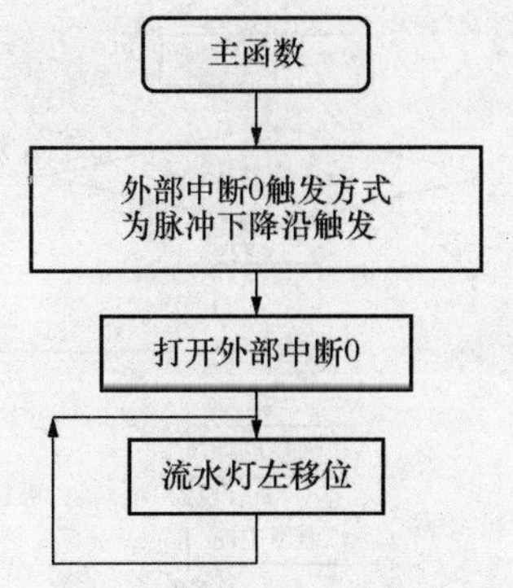

图 4-2　按键中断流水灯主程序参考流程图

```
/*********按键中断流水灯主函数********************
函数名称:main
函数功能:可以按键停止/继续流水灯
******************************************/
unsigned char k,i,a,b,temp;
void main()
{
    IT0 = 1;          //外部中断信号设置为下降沿有效
    EA = 1;           //打开中断总开关
    EX0 = 1;          //打开外部中断 0 的开关
    while(1)          //重复左移流水灯
        {
        k = 0xfe;
        F0 = 0;
        temp = k;
        for(i = 1;i<8;i++)
        {P1 = temp;
        a = k<<i;
        b = k>>(8 - i);
        temp = a|b;
        delay(50000);
        }
    }
}
```

4）编写外部中断 0 的中断子函数，在子函数中实现停止移位，检测有没有按下恢复按键进入继续移位。中断子函数的流程如图 4-3 所示。

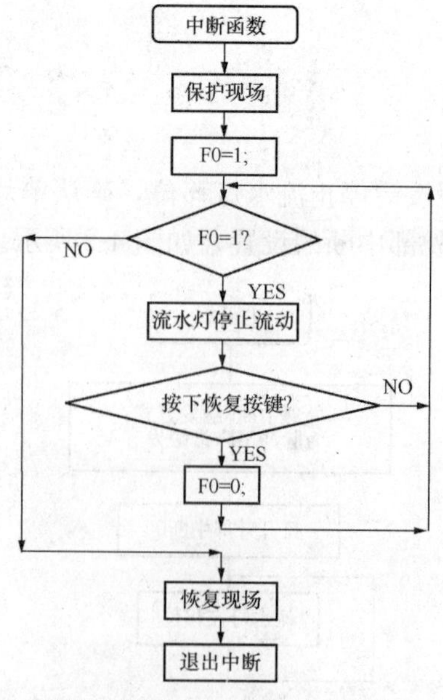

图 4-3　按键中断流水灯中断子程序参考流程图

```
* * * * * * * * * * * * * * 中断子函数 * * * * * * * * * * * * * * * * * * * * * * * * *
函数名称:zd
函数功能:按停止键可以停止流水灯"流动",在停止的位置上做单灯闪烁,按下恢复键可以继续
实现流水灯
* * * * * * * * * * * * * * * * * * * * * * * * * * * * * * * * * * * * * * * * * * * */
void zd()interrupt 0
{  unsigned char aa,bb,kk;
    aa = a;bb = b;  kk = k;       //现场保护
    F0 = 1;                        //系统状态,F0 = 1 表示停止,F0 = 0 表示恢复
while(F0 = = 1)                 //如果系统状态 F0 = 1,则流水灯停止流动
  {  P1 = temp;
  delay(20000);
  P1 = 0XFF;
  delay(20000);
    if(P3_3 = = 0)
      {F0 = 0;//检查是否按下恢复按键,则修改系统状态 F0 = 0
        aa = a;  bb = b;    kk = k;//如果系统状态 F0 = 0,则恢复现场,退出中断
  }}}
```

5）编译成功之后，利用下载软件把程序下载到单片机上，观察结果。

相关知识：C51单片机中断系统基本认知

1. 中断的概念

单片机与外部设备交换数据的方式有两种：程序查询方式和中断控制方式。中断控制方式是指当外部设备的发送数据已经准备好或外部设备已经准备好接受数据以后，由外部设备向CPU发出请求中断信号，若此时CPU处于允许中断的情况下，CPU收到外部设备发来的中断请求信号，就会暂时中断现行的工作，转而执行与外设交换数据的中断程序。中断程序执行完毕，CPU立即返回，继续执行因中断暂时停下的工作，这个过程称为中断过程。

2. 中断响应

一个中断过程可以大致描述为：中断请求被提出→（当CPU允许中断时）执行中断子程序→执行完毕后，CPU返回主程序。

3. MCS-51单片机中断源

中断请求的来源称为中断源，MCS-51系列单片机允许有五个中断源，本任务所用的是：

INT0（外部中断0）　　　　　从P3.2引脚引入外部中断请求

4. 中断标志

1）TCON寄存器：TCON是一个8位的特殊功能寄存器，与中断有关的位如下：

	D7	D6	D5	D4	D3	D2	D1	D0
TCON		/		/	/	/	IE0	IT0

IE0　外部中断0的中断请求产生时，硬件使IE0自动置1（IE0=1）。

IT0　不是中断标志位，是中断触发方式的选择。IT0是外部中断0触发方式控制位。当IT0=1，则外部中断0为跳变触发方式，即CPU查到INT0引脚（即P3.2引脚）出现脉冲的下跳沿时，令硬件使外部中断0标志位IE0=1。当IT0=0，则外部中断0为电平触发方式，即CPU查到INT0（即P3.2引脚）引脚出现低电平时，令硬件使外部中断0标志位IE0=1。

2）中断请求标志的恢复：当CPU已经响应了外部中断0的中断请求时，单片机硬件使IE0自动复位（IE0=0）。当CPU响应了某个中断请求之后，中断请求标志位应当恢复为无请求状态，为下一次中断做准备。

5. 中断允许控制

中断允许控制位的作用是设置拒绝中断或者允许中断。

在51单片机中断系统中，CPU可以“拒绝”响应中断，也可以“允许”响应中断。这项功能由中断允许控制，由特殊功能寄存器IE来控制的，外部中断0的中断允许控制如下：

	D7	D6	D5	D4	D3	D2	D1	D0
IE	EA	/	/					EX0

EA　中断允许和禁止总控制位。当EA=0，CPU禁止所有的中断，“拒绝”响应所有的中断请求（也就是说“你提了中断请求，我也不理你”）；当EA=1，CPU总体上允许中断请求，但是具体的某一个中断源的中断请求是被允许还是被禁止，还要由各自的控制位来决定。

EX0　外部中断0允许控制位。当EX0=0，CPU禁止外部中断0中断；当EX0=1时，若EA=1，则CPU允许外部中断0提出中断。

对中断的允许与禁止，一般在主函数中需要先行设置好。

```
例 4.1
Void main()
{
  EA = 1;//打开中断总开关
  EX0 = 1;//外部中断 0 允许中断;
}
```

单片机复位后，EA、EX0 取值为 0，禁止响应外部中断 0 提出的中断请求。

6. 中断子程序

中断子程序的作用是告诉 CPU 中断时它应该做什么？中断子程序又称为中断服务程序或者中断函数。

当中断请求被提出后，在 CPU 允许中断的情况下，CPU 就会响应中断，暂停主程序，转而去执行中断服务程序（即中断子程序）。中断服务程序是什么呢？它就是提出该中断请求的中断源要求 CPU 完成的“服务”，“该服务”是一段事先编写的子程序，就称为中断子程序。

在 C51 中，外部中断 0 对应的中断子程序有自己固定的中断号，它的中断号为“0”。大家只需要写好外部中断 0 的中断函数，到了 CPU 响应外部中断 0 的中断请求的时候，它自然回去找中断号为“0”的中断函数来执行。

中断函数定义的格式为：

函数类型　函数名 interrupt n using m

其中：函数类型同其他的 C51 函数。

函数名为自己命名。

interrupt 为 C51 固有的关键字。

interrupt 后面的 n 为中断子程序的中断号，例如：外部中断 0 的中断号为“0”。

using 为 C51 固有关键字，后面的 m 是所选取的寄存器组，该 m 的取值范围为 0～3，该项可以省略，则 C51 编译器自行选择寄存器组，可以缺省。

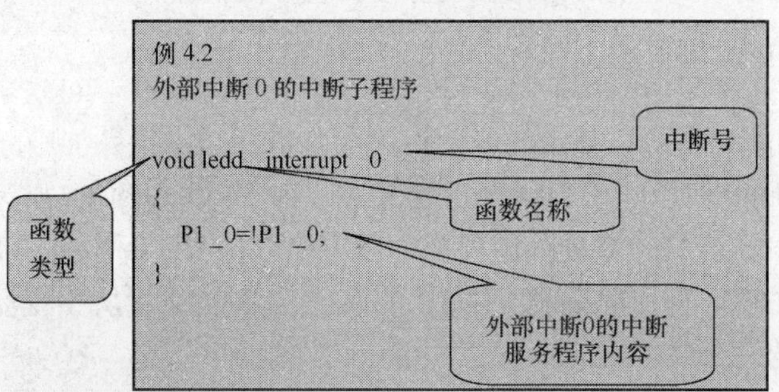

知识拓展：MCS-51 中断系统

1. 中断源

MCS-51 系列单片机允许有五个中断源：

INT0（外部中断 0）　　从 P3.2 引脚引入外部中断请求

INT1（外部中断 1）　　从 P3.3 引脚引入外部中断请求

T0（定时器 T0 溢出中断）　内部的定时器 T0 溢出时产生的中断请求

T1（定时器 T1 溢出中断）　内部的定时器 T1 溢出时产生的中断请求

串行口发送/接受中断　串行口完成一帧数据的发送或接受时产生的中断请求

2. 外部中断请求标志位

MCS-51 系列单片机的五个中断源对应的中断请求标志如表 4-2 所示。

表 4-2　中断请求标志

中断源		中断请求标志位名称
外部中断 0		IE0
外部中断 1		IE1
定时器/计数器 T0 溢出中断		TF0
定时器/计数器 T1 溢出中断		TF1
串行口	发送数据	TI
	接受数据 RI	

这些中断请求标志位设置在特殊功能寄存器 TCON 和 SCON 上。

(1) TCON 寄存器

TCON 是一个 8 位的特殊功能寄存器，与中断有关的位如下：

	D7	D6	D5	D4	D3	D2	D1	D0
TCON	TF1	/	TF0	/	IE1	IT1	IE0	IT0

TF1　当定时器 T1 发生溢出时，硬件使 TF1 自动置 1（TF1=1)。

TF0　定时器 T0 的溢出中断标志位，作用同 TF1。

IE1　外部中断 1 的中断请求产生时，硬件使 IE1 自动置 1（IE1=1)。

IT1　不是中断标志位，是中断触发方式的选择。IT1 是外部中断 1 触发方式控制位。当 IT1=1，则外部中断 1 为跳变触发方式，即 CPU 查到 INT1 引脚（即 P3. 3 引脚）出现脉冲的下跳沿时，令硬件使外部中断 1 标志位 IE1=1。当 IT1=0，则外部中断 1 为电平触发方式，即 CPU 查到 INT1（即 P3. 3 引脚）引脚出现低电平时，令硬件使外部中断 1 标志位 IE1=1。

(2) SCON 寄存器

SCON 是一个 8 位的特殊功能寄存器，与中断有关的只有 2 位，如下所示：

	D7	D6	D5	D4	D3	D2	D1	D0
SCON	/	/	/	/	/	/	TI	RI

TI　串行口发送中断标志。发送完一帧数据时，硬件使 TI 自动置 1（TI=1)。

RI　串行口接受中断标志。接收完一帧数据时，硬件使 RI 自动置 1（RI=1)。

(3) 中断请求标志的恢复

五个中断源中断请求被 CPU 响应后，中断标志的恢复方法不同，有硬件自动恢复的，有软件控制恢复的，如表 4-3 所示。

表 4-3　中断标志位恢复方法

中断请求标志位名称	中断相应后，中断标志位恢复方法
IE0	当 CPU 响应外部中断 0 的中断请求时，硬件使 IE0 自动复位（IE0=0）。
IE1	当 CPU 响应外部中断 1 的中断请求时，硬件使 IE1 自动复位（IE1=0）。
TF0	当 CPU 响应定时器 T0 的溢出中断时，硬件使 TF0 自动复位（TF0=0）。
TF1	当 CPU 响应定时器 T1 的溢出中断时，硬件使 TF1 自动复位（TF1=0）。
TI	注意，当 CPU 响应串行口中断时，硬件不会将 TI 复位，用户必须用软件给 TI 复位。
RI	当 CPU 响应串行口中断时，硬件不会将 RI 复位，用户必须用软件给 RI 复位。

3. 中断允许控制的设置

与中断有关的标志位如下：

	D7	D6	D5	D4	D3	D2	D1	D0
IE	EA	/	/	ES	ET1	EX1	ET0	EX0

EA　中断允许和禁止总控制位。

各个中断源与对应的中断允许控制位的对应关系如表 4-4 所示。

表 4-4　中断允许控制位

中断源	中断允许控制位
外部中断 0	EX0
外部中断 1	EX1
定时器/计数器 T0 溢出中断	ET0
定时器/计数器 T1 溢出中断	ET1
串行口	ES

单片机复位后，IE 寄存器中各个位的取值为 0，禁止中断。中断允许控制寄存器 IE 中的各个位可以根据需要通过编程来置 1 或清 0。

例 4.3
当 EA = 1 且 EX1 = 1,则外部中断 1 允许中断;
若 EA = 1,ET0 = 0,则定时器 T0 禁止中断;
若 EA = 0,则不管 EX0、EX1、ET0、ET1 和 ES 取值如何,所有的中断源都禁止中断。

4. 中断源的中断号

在 C51 中，五个中断源对应的中断子程序的有自己固定的中断号，如表 4-5 所示。

表 4-5 中断子程序的中断号

中断号	中断源	注释
0	外部中断 0	从 P3.2 引脚引入外部中断请求
1	定时器 T0	定时器 T0 溢出中断
2	外部中断 1	从 P3.3 引脚引入外部中断请求
3	定时器 T1	定时器 T1 溢出中断
4	串行口中断	串行口的发送或接受时产生的中断请求

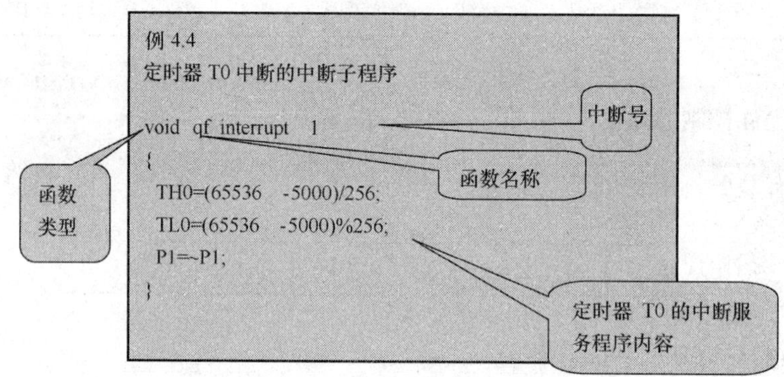

动动手：设计按键控制双灯流水右移和停止系统

请同学们参考案例任务，编写程序完成如下功能：开机或复位后，实现 8 只 LED 显示双灯右移流水灯的效果，按下停止按键 SW2，流水灯停止移位，原地闪动，按下恢复 SW3 键，流水灯继续移位。用 medwin 仿真软件编写调试程序，用 STC 下载软件将程序下载到单片机运，观察结果。

考核与评价

完成“按键控制双灯流水右移和停止系统”考核与评价表 4-6。

表 4-6 考核与评价表

评价项目	评价内容	要求	配分	评分		
				自评	组评	师评
系统的描述	描述按键流水灯系统的功能特点	口头表达，简洁清楚，描述系统功能齐全	10			
系统硬件组成	理解按键流水灯系统所使用的硬件器件和占用单片机的 I/O 口	正确填写表 4-1	10			

续表

<table>
<tr><th rowspan="2">评价项目</th><th rowspan="2">评价内容</th><th rowspan="2" colspan="2">要求</th><th rowspan="2">配分</th><th colspan="3">评分</th></tr>
<tr><th>自评</th><th>组评</th><th>师评</th></tr>
<tr><td rowspan="4">软件的设计</td><td rowspan="4">对流程图的理解；程序的编写</td><td rowspan="3">在流程图的指导下正确地编写主程序，系统功能实现完整</td><td>开机或复位后，双灯右移流水灯</td><td>10</td><td></td><td></td><td></td></tr>
<tr><td>按下停止按键 SW2，流水灯停止移位，原地闪动</td><td>15</td><td></td><td></td><td></td></tr>
<tr><td>按下恢复 SW3 键，流水灯继续移位</td><td>15</td><td></td><td></td><td></td></tr>
<tr><td colspan="2">系统功能实现完整，程序简洁明了，容量小</td><td>5</td><td></td><td></td><td></td></tr>
<tr><td>系统的调试</td><td>调试软件和下载软件的使用</td><td colspan="2">熟悉调试软件的操作步骤，熟悉下载软件的操作步骤，根据调试软件的提示修改错误，能根据观察结果修改程序</td><td>15</td><td></td><td></td><td></td></tr>
<tr><td>安全操作规程与劳动纪律</td><td colspan="3">遵守用电安全操作规程和劳动纪律，有良好的职业道德和职业习惯</td><td>10</td><td></td><td></td><td></td></tr>
<tr><td>完成工作的表现</td><td colspan="3">遵守纪律，认真学习相关知识，积极完成工作任务，团队合作和谐</td><td>10</td><td></td><td></td><td></td></tr>
<tr><td>个人体会</td><td colspan="7">（掌握了哪些技能？学到了哪些知识？有哪些收获？）</td></tr>
<tr><td>小组评价</td><td colspan="7"></td></tr>
<tr><td>教师评价</td><td colspan="7"></td></tr>
</table>

思考与练习

1. MCS-51 单片机总共有几个中断源？是哪几个？

2. 假设单片机系统只有外部中断 0 提出了中断申请，单片机的 CPU 怎么知道是外部中断 0 的中断申请不会认为是其他的中断源提出中断申请？

3. 现在想禁止串行口接受中断，但是允许其他的中断，则应当在主函数中设置：

```
void main()
{
  EA = __________;
ES = __________;
…….
}
```

4. 现在想允许外部中断 1 提出中断，且要求将其中断触发信号置为下跳沿触发，则

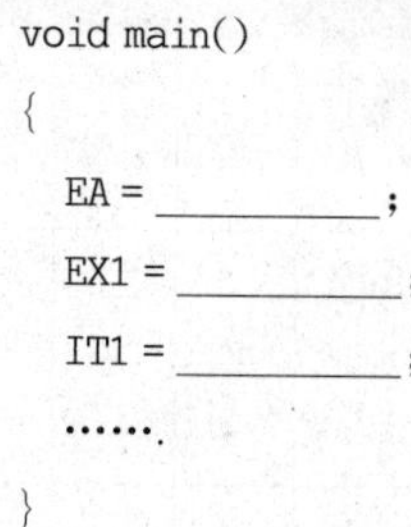

```
void main()
{
  EA = __________;
  EX1 = __________;
  IT1 = __________;
  ……
}
```

5. 想想哪些中断请求硬件可以复位？哪些中断请求必须用软件来复位？

6. 为什么当 CPU 响应了某个中断请求后，该中断请求标志应当恢复为无请求状态？不恢复会有什么后果？

任务4.2 设计抽奖系统

【任务背景描述】

在我们日常生活中，抽奖作为吸引顾客的一种营销方式，正在被越来越多的商家和企业所使用。例如：苏宁电器举办国庆节顾客大酬宾抽奖活动；沃尔玛超市每月都会抽取顾客免单；淘宝网双十一抽取幸运顾客免运费；奔驰汽车 4S 店为新车主抽取大礼包等。在众多的号码中，怎样抽出中奖号码呢？

跟我做：设计号码抽奖系统

本次案例任务是设计一个抽奖系统：华联超市要搞一次抽奖活动，活动对象是当日最早入店消费的 100 名顾客，从中抽出特等奖一名予以重奖。每名顾客入店时按入店次序领取一个号码，然后使用抽奖系统确定获奖号码。系统要求一开机显示“HL”，按下启动按键，两位数码管上随机显示两位号码，号码不断地快速刷新，按下抽奖键，数码管上停止刷新，留下的两位数字就是中奖号码。

编写并调试程序，下载到单片机运行，观察结果。

任务设计指导

1. 准备工作

（1）硬件准备

单片机学习板一块，USB 线和数据线一套，电脑一台。

（2）软件准备

medwin 仿真软件和 STC 下载软件。

2. 任务实施

1）思考并填写所需要的元器件和占用的单片机 I/O 口，如表 4-7 所示。

表 4-7 占用的单片机 I/O 口

使用的元器件	占用的单片机 I/O 口

2）学会实现系统一开机显示“HL”。利用项目 3 学过的数码管显示代码知识、动态显示的原理，实现开机时显示“HL”，并无限循环。

显示“HL”的程序流程图如图 4-4 所示。

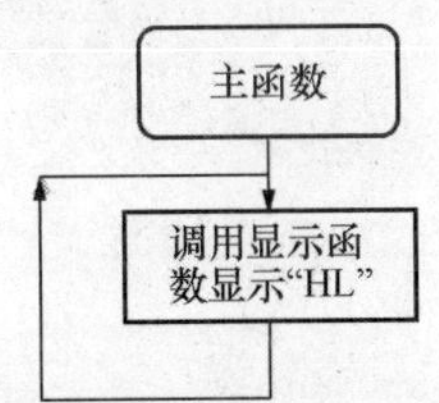

图 4-4 显示“HL”的主程序参考流程图

```
/*****************显示"HL"的参考程序*****************/
#include<at89x51.h>
unsigned char table[]=
{0xc0,0xf9,0xa4,0xb0,0x99,0x92,0x82,0xf8,0x80,0x90,0x89,0xc7,0xff};
unsigned char i,j,d0,d1,d2,d3,y,x;
void xs(unsigned char d3,d2,d1,d0)//显示子函数
{
        P2_4=0;
        P0=table[d3];
        ys(50);
        P2_4=1;

        P2_5=0;
        P0=table[d2];
        ys(50);
        P2_5=1;
```

```
        P2_6 = 0;
        P0 = table[d1];
        ys(50);
        P2_6 = 1;

        P2_7 = 0;
        P0 = table[d0];
        ys(50);
        P2_7 = 1;
        P0 = 0xff;
}

void main()
{
    while(1)
    {
    xs(12,12,10,11);
    }
}
```

3）学会启动两位随机数的刷新。用单片机引脚连接一个按键作为启动按键，按下启动按键，两位数码管上随机显示两位号码，号码不断地快速刷新。“启动二位随机数的刷新”的主程序参考流程如图 4-5 所示。

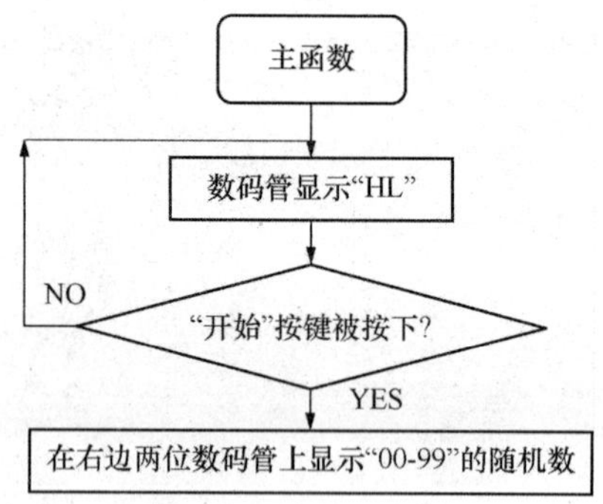

图 4-5　“启动二位随机数的刷新”的主程序参考流程图

```
/*************'启动二位随机数的刷新'参考程序************/
#include<at89x51.h>
#include<stdlib.h>
unsigned char table[] = {0xc0,0xf9,0xa4,0xb0,0x99,0x92,0x82,0xf8,0x80,0x90,0x89,0xc7,
0xff};
unsigned char i,j,d0,d1,d2,d3,y,x;
unsigned int m;
void xh()//选号子函数
  {
    while(1)
    {
      m = rand() % 100;//产生 00~99 之间的随机数
      d1 = m % 100/10;//取出十位
      d0 = m % 10;//取出个位
      j = 10;
      while(j - - )
      xs(12,12,d1,d0);
    }
  }

  void main()
  {
    while(1)
    {
      xs(12,12,10,11);
      if(P3_3 = = 0)//按下启动按键
      {
        while(1)xh();
      }
    }
  }
```

4）加入抽奖按键。用单片机外部中断 0 引脚连接一个按键，作为抽奖键。在上一步的主函数中加入对外部中断的设置，变成两位数抽奖系统主程序。流程如图 4-6 所示。

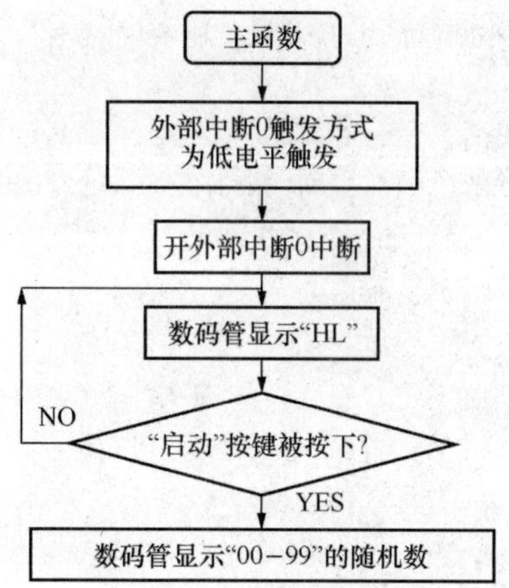

图 4-6　按键中断刷新数字主程序参考流程图

```
/**************按键中断刷新数字参考程序****************/
void main()
{
  EA = 1;
  EX0 = 1;
  IT0 = 0;//低电平触发中断
  while(1)
  {
    xs(12,12,10,11);
    if(P3_3 = = 0)
    {
      while(1)xh();
    }
  }
}
```

5）实现在按下抽奖键之后，数码管上停止刷新，留下两位中奖号码。编写外部中断 0 的中断子函数，在子函数中实现号码停止刷新，显示一个中奖号码。

中断子函数的流程如图 4-7 所示。

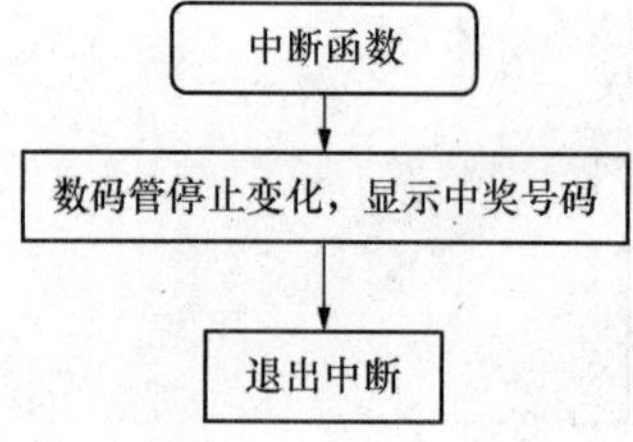

图 4-7　按键中断刷新数字中断子程序参考流程图

```
/************按键中断刷新数字中断子程序参考*************/
void zd()interrupt 0
{
  unsigned int x = 3000;
  whilc(x--)
    {
      xs(12,12,d1,d0);
    }
}
```

6）编译成功之后，利用下载软件把程序下载到单片机上，观察结果。

相关知识：抽奖系统基本认知

1. 中断的响应与返回

中断的整个过程涉及三个关键问题，一是暂停主程序要做什么工作；二是怎样取出中断子程序；三是怎么返回主程序的暂停处。

首先，如何暂停主程序。当 CPU 响应中断请求时，暂停在主程序的某处，此处称为主程序的断点。为了方便返回，断点的位置被记录下来，断点的位置以 ROM 地址的方式被存放在一个叫做堆栈的地方，这个过程称为保护断点。此时，暂停主程序的工作就完成了。接下来 CPU 的任务就是找到中断子程序来执行中断服务，原先编写的中断函数就可以发挥作用了。C51 编译器早在编译时就把你写的中断函数定义为一个中断子程序，并自动产生中断子程序的存放位置（ROM 的地址），CPU 根据中断子程序的地址找出中断子程序来执行，提供中断服务。最后，CPU 响应完中断请求，就要回到主程序去了。当 CPU 执行到中断子程序的最后一条指令，就会从堆栈中找出主程序的断点位置，根据断点位置的提示，回到主程序被打断的地方，完成了一次中断响应和返回。

例如，我们正在看书，这时门铃响了，我们先记住现在看书的第几页了，或拿一个书签放在当前页的位置（中断看书），然后转去门口开门（执行中断服务），再返回原来的位置打开书签看书（中断返回），完成了一次中断响应和返回的过程。

中断响应和返回过程简单示意如图 4-8 所示。

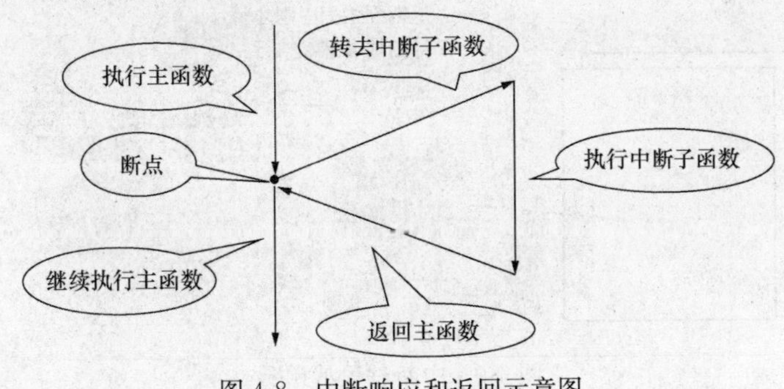

图 4-8　中断响应和返回示意图

中断的过程可以具体地表示为图 4-9。

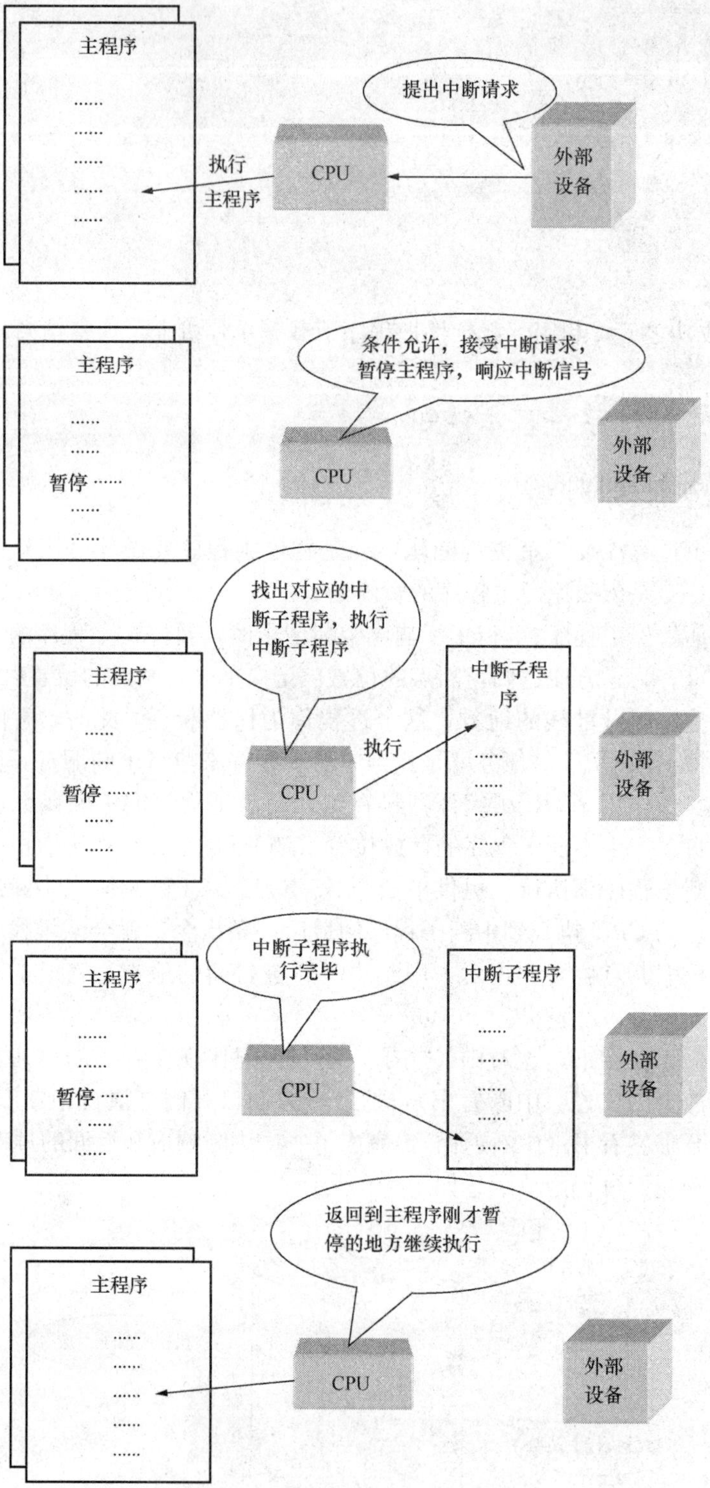

图 4-9　中断过程示意图

2. C51 的库函数

＃include<stdlib. h>是什么？

C51 有许多特殊功能的函数，放在函数库里。本次任务的程序包含的 stdlib. H，这个头文件里包含了 C 语言的最常用的系统函数，例如：产生随机数的函数 rand ()。只要在程序中包含了 stdlib. H 头文件，我们就可以在主程序中直接调用 rand () 函数了。具体的内容可以打开编译器的 include 目录里面的 stdlib. h 头文件看到。

3. 随机数的产生

在 C 语言中，rand () 函数可以用来产生随机数，随机数范围从 0 到 32767，是一个很大的数，那么如何产生从 0－Y 的数呢？从 0 到 Y，有 Y＋1 个数，所以要产生从 0 到 Y 的数，只需要这样写：k＝rand ()％ (Y＋1)，这样就可以产生你想要的 0－Y 范围内的随机数了。例如产生 0－9999 的随机数，可以这样写：k＝rand ()％10000。

知识拓展：MCS-51 中断控制

1. 中断优先级

作用：反应各个中断请求的优先级别。

若同时有几个中断源向 CPU 发出中断请求时，CPU 应最先响应具有最高“优先权”的中断请求，处理完毕之后，再响应较低“优先权”的中断请求。MCS-51 单片机提供两个中断优先级别，由中断优先级寄存器 IP 的各个位的取值来决定。寄存器 IP 中与中断有关的位排列如下：

D7	D6	D5	D4	D3	D2	D1	D0
/	/	/	PS	PTI	PX1	PT0	PX0
			BCH	BBH	BAH	B9H	B8H

PS　　　串行口中断的优先级别

PT1　　　定时器/计数器 T1 溢出中断的优先级别

PX1　　　外部中断 1 的优先级别

PT0　　　定时器/计数器 T0 溢出中断的优先级别

PX0　　　外部中断 0 的优先级别

若上述 5 位取值为 1 时，则对应的中断为高优先级别；若取值为 0 时，则对应的中断源为低优先级别。

单片机复位后，IP 中各个位的取值为 0，均为低优先级别。中断优先寄存器 IP 中的各个位也可以根据需要通过编程来置 1 或清 0。

```
例 4.5
void main()
{
PT0 = 1;//设置定时器 T0 为高优先级别的中断源
……
}
```

MCS-51 单片机的中断系统拥有两个优先级别：高优先级别和低优先级别。若同时出现几个中断请求，各级之间遵循以下规则。

规则一（不同级别的中断请求）：“高级优先”规则。低优先级的中断响应可以被高优先级的中断请求打断，高优先级的中断响应不能被低优先级别的中断请求打断。

规则二（同级的中断请求先后发生）：“先到先服务”规则。若某种级别的中断请求得到响应，与它同级的其余中断请求不能打断它。

规则三（同级的中断请求同时发生）：“先查到先响应”规则。若有几个同一优先级别的中断源同时发出中断请求，则按照 CPU 查询到的顺序来响应。查询顺序为：外部中断 0→定时器 T0 溢出中断→外部中断 1→定时器 T1 溢出中断→串行口中断。

2. 中断嵌套

当 CPU 正在执行某个中断服务程序时，如果发生更高一级的中断源请求中断，CPU 可以“中断”正在执行的低优先级中断，转而响应更高一级的中断，这就叫中断嵌套。中断嵌套应遵循的原则是：高优先级可以“中断”低优先级；低优先级不能“中断”高优先级；同一优先级也不能相互“中断”。由于 AT89C51 单片机只定义了高、低两个优先级，所以它本身只能实现两级嵌套。

动动手：设计 4 位数车牌号码的选号系统

请同学们参考案例任务，编写程序完成选 4 位数的车牌号码的功能：系统要求一开机显示“HELO”，按下启动按键，四位数码管上随机显示四位车牌号码，号码不断地快速刷新，按下抽奖键，数码管上停止刷新，留下的四位数字就是你选中的车牌号码。用 medwin 仿真软件编写调试程序，用 STC 下载软件将程序下载到单片机运行，观察结果。

考核与评价

完成“4 位数车牌号码的选号系统”任务的考核与评价表 4-8。

表 4-8 考核与评价表

<table>
<tr><th rowspan="2">评价项目</th><th rowspan="2">评价内容</th><th rowspan="2" colspan="2">要求</th><th rowspan="2">配分</th><th colspan="3">评分</th></tr>
<tr><th>自评</th><th>组评</th><th>师评</th></tr>
<tr><td>系统的描述</td><td>描述抽奖系统的功能特点</td><td colspan="2">口头表达，简洁清楚，描述系统功能齐全</td><td>10</td><td></td><td></td><td></td></tr>
<tr><td>系统硬件组成</td><td>理解抽奖系统所使用的硬件器件和占用单片机的I/O口</td><td colspan="2">正确填写表 4-7</td><td>10</td><td></td><td></td><td></td></tr>
<tr><td rowspan="4">软件的设计</td><td rowspan="4">对流程图的理解；程序的编写</td><td rowspan="3">在流程图的指导下正确地编写主程序
在流程图的指导下正确编写中断子程序
系统功能实现完整</td><td>开机或复位后，显示“HELO”</td><td>15</td><td></td><td></td><td></td></tr>
<tr><td>按下启动按键，在四位数码管上随机显示四位号码，号码不断地快速刷新</td><td>10</td><td></td><td></td><td></td></tr>
<tr><td>按下抽奖键之后，数码管上停止刷新，留下四位车牌号码</td><td>15</td><td></td><td></td><td></td></tr>
<tr><td colspan="2">系统功能实现完整，程序简洁明了，容量小</td><td colspan="4">5</td></tr>
<tr><td>系统的调试</td><td>调试软件和下载软件的使用</td><td colspan="2">熟悉调试软件的操作步骤，熟悉下载软件的操作步骤，根据调试软件的提示修改错误，能根据观察结果修改程序</td><td>15</td><td></td><td></td><td></td></tr>
<tr><td>安全操作规程与劳动纪律</td><td colspan="3">遵守安全操作规程和劳动纪律，有良好的职业道德和职业习惯</td><td>10</td><td></td><td></td><td></td></tr>
<tr><td>完成工作的表现</td><td colspan="3">遵守纪律，认真学习相关知识，积极完成工作任务，团队合作和谐</td><td>10</td><td></td><td></td><td></td></tr>
<tr><td>个人体会</td><td colspan="7">（掌握了哪些技能？学到了哪些知识？有哪些收获？）</td></tr>
<tr><td>小组评价</td><td colspan="7"></td></tr>
<tr><td>教师评价</td><td colspan="7"></td></tr>
</table>

思考与练习

1. 单片机刚复位完毕时，5 个中断源哪个最优先？
2. 若（IP）＝0X14，则 5 个中断源的优先级是怎样呢？
3. 8051 单片机对最高优先权的中断响应是否无条件的？
4. 若（IP）＝00010001B，则最高优先级是哪个？最低优先级是哪个？

5. 用程序预先存放 20 个不同的四位数号码，然后再设计一个选号机系统。

6. 下列说法正确的是（　　）。

(A) 同一级别的中断请求按时间的先后顺序响应

(B) 同一时间同一级别的多中断请求，将形成阻塞，系统无法响应

(C) 低优先级中断请求不能中断高优先级中断请求，但是高优先级中断请求能中断低优先级中断请求

(D) 同级中断不能嵌套

项目 5 设计电子钟

项目任务与目标

项目包含的工作任务 ☞

1. 设计秒表
2. 设计电子钟
3. 设计可调电子钟

项目应达到的教学目标 ☞

通过以上三个工作任务的实训，应达到以下几个教学目标：

1. 掌握51单片机定时器系统知识
2. 掌握C51的switch语句
3. 掌握线反转法查矩阵键盘的知识

电子钟亦称数显钟（数字显示钟），是一种用数字电路技术实现时、分、秒计时的装置，与机械时钟相比，直观性为其主要显著特点，且因非机械驱动，具有更长的使用寿命，相较石英钟的石英机芯驱动，更具准确性。电子钟已成为人们日常生活中必不可少的必需品，广泛用于家庭以及车站、码头、剧院、办公室等公共场所，给人们的生活、学习、工作、娱乐等带来极大的方便。

电子钟

在本项目中，我们将学习如何使用单片机开发板设计一个属于自己的简易电子钟系统。

任务5.1 设计秒表

【任务背景描述】

“时间”在日常生活中有着举足轻重的地位，我们用钟表来指示和确定时间，随着科技的发展，越来越多的电子钟表被人们广泛地使用。“秒表”顾名思义是用来做短时间计时的道具，作为钟表行列的一员，被很多行业所使用，例如：运动会赛跑项目裁判使用秒表计算运动员跑步时间、智能微波炉经常使用秒表对微波时间进行倒计时、电子血压计在测量血压的时候也会激活内置的秒表进行计时等。

跟我做：设计简易两位显示的秒表

本次案例任务是设计一个两位显示的秒表，开机或复位后，实现数码管后两位显示的60进制秒表功能，即数码管后两位初始显示00，每隔一秒显示加1，实现秒表功能，到达59秒后第60秒显示重新归为00继续计时。编写并调试程序，下载到单片机运行，观察结果。

任务设计指导

1. 准备工作

（1）硬件准备

单片机学习板一块，USB线和数据线一套，电脑一台。

（2）软件准备

medwin仿真软件和STC下载软件。

2. 任务实施

1）在单片机学习板上思考所需要的元器件，填写占用的单片机I/O口，如表5-1所示。

表5-1　占用的单片机的I/O口

使用的元器件	占用的单片机的I/O口

2）程序设计思路概述。

完成案例任务秒表需要通过程序来解决以下几个问题：

1）计数问题，即如何通过单片机来实现稳定的一秒递增计数？

2）显示和清零问题，即如何把递增的时间变量送到数码管显示以及如何给秒表复位？

答：第一个问题需要学习本项目中的单片机定时器系统知识后，编写定时器中断函数方可实现对时间变量的稳定计数操作。

在项目3中已经介绍了数码管显示子函数的用法，为解决第二个问题，我们需要对上一问题中的时间变量进行适当的变换和控制再送往显示子函数进行显示。

所以，本任务程序的编写大概可以细化为以下三部分功能：

① 能够实现对时间变量每秒稳定加一的函数，定时器中断函数。

② 能够实现对时间变量每60秒归0，以及拆分秒个位十位的函数，算法函数。

③ 能够对数码管进行操作实时显示时间变量的函数，数码管显示函数。

参考以上设计思路确定设计方案，程序流程如图5-1所示。

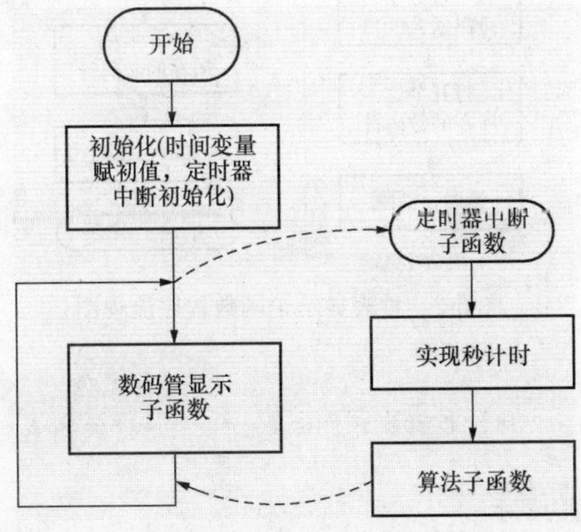

图5-1 秒表程序流程图

秒表主程序参考：

```
unsigned char  time ,miao ,miao_g  ,miao_s;
/*time和miao为定时器中断计时变量，用来进行时间的计算和保存，其中miao是用来记录秒数的变量。miao_g和miao_s为数码管个位和十位显示变量，程序中将通过定时器中断子函数配合算法子函数修改这两个变量的值，并最终送入显示子函数进行时间的显示*/
void main()
{
  TMOD = 0x01;//定时器工作模式初始化T0方式1,T1方式0(T1在本项目中未使用)
 TH0 = (65536 - 50000)/256;
  TL0 = (65536 - 50000) % 256;          //给T0赋初值,50ms中断
  EA = 1;                               //开总中断
  ET0 = 1;                              //允许T0中断
  TR0 = 1;                              //启动定时器T0,50ms之后进入中断服务子程序
```

```
time = 0;miao = 0;miao_g = 0;miao_s = 0;//所有时间变量赋初值
  while(1)
 {
display(miao_g,miao_s);//循环调用显示子函数并将 miao_g 和 miao_s 送入做显示
 }
 }
```

3）实现数码管个位和十位的动态显示，使用在课本项目 3 中学到的数码管带参子函数模型，子函数名为 display，带有两个 unsigned char 类型的形参 miao _ g 和 miao _ s 来传递数码管个位和十位所显示的数值。

子函数流程如图 5-2 所示。

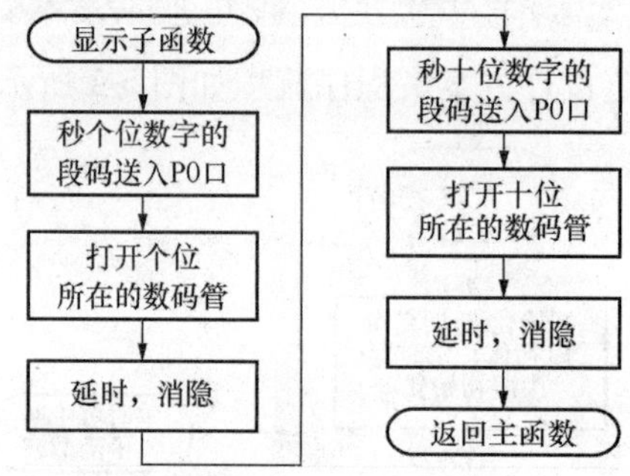

图 5-2　秒表显示子函数程序流程图

```
/**************秒表显示子函数**********************
函数名称:display
函数功能:两位数码管的显示
*****************************************************/
void display(unsigned char  miao__g  ,miao__s)
{
  P0 = table[miao_g];                        //table[]为共阳数码管段码表数组
  P2_7  = 0;                                //打开数码管个位显示
delay(3);                               //延时
  P0 = 0xff;                                 //消隐
  P2_7  = 1;                                //关闭数码管个位

  P0 = table[miao_s];
  P2_6  = 0;                                //打开数码管十位显示
delay(3);                               //延时
  P0 = 0xff;                                 //消隐
  P2_6  = 1;                                //关闭数码管十位
 }
```

4）算法子函数用来实现每60秒归零以及把秒数的个位十位拆分分别送给miao _ g和miao _ s变量，程序如下：

```
/*****************秒表算法子函数*******************
函数名称:algorithm
函数功能:把“秒”的十位数和个位数拆开
*******************************************/
void algorithm()
{
  if(miao>60)miao = 0;      //miao 为时间变量在定时器中断子函数里用来记录秒数
  miao_g = miao % 10;        //取余数,把秒数的个位取出来送给 miao_g
  miao_s = miao/10;         //除数,把秒数的十位取出来送给 miao_s
}
```

5）定时器中断子函数用来实现对秒的计时，程序流程如图5-3所示。

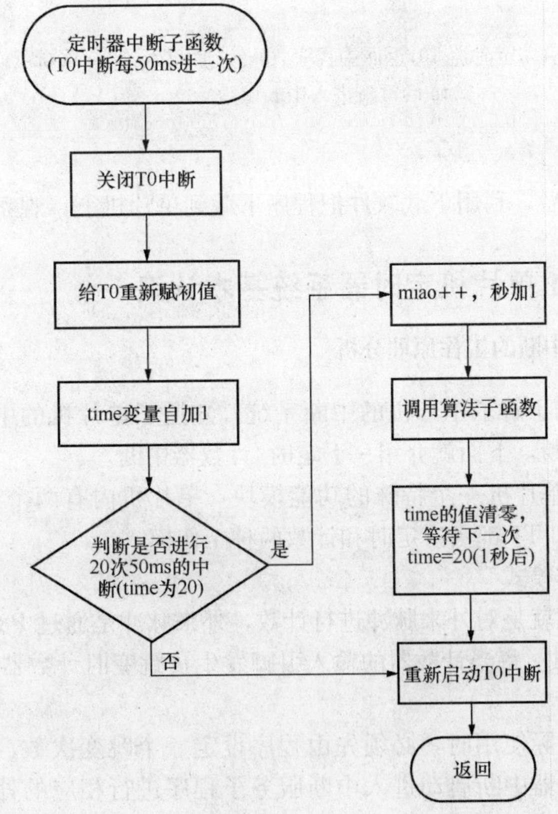

图5-3 秒表定时器中断子函数程序流程图

```
/************秒表定时器中断子函数*****************
函数名称:DS
函数功能:定时器 T0 中断函数,实现定时 50ms 的功能
*******************************************/
  void  DS()interrupt  1  //中断函数入口,从 TR0 = 1;开始经过 50ms 后进入此程序
  {
TR0 = 0;//关闭 T0 中断
  TH0 = (65536 - 50000)/256;
TL0 = (65536 - 50000) % 256;     //给 T0 重新赋初值
        time + + ;//time 自加 1
if(time = = 20)  //判断 time 是否等 20,判断是否进行了 20 次 50ms 的中断,满 1 秒了?
      {
miao + + ;                              //如果满 1 秒了,变量 miao 自加 1
        algorithm();                          //调用算法子函数
time = 0;//time 清零,等待下一次 time = 20(1 秒后)
        }
TR0 = 1;  //重新启动定时器 T0,返回主程序,由于上面已经给 T0 重新赋初值,下
                //一个 50ms 后重新进入中断函数
}
```

6）编译成功之后，利用下载软件把程序下载到单片机上，观察结果。

相关知识：C51 单片机定时器系统基本认识

1. 定时/计数器中断的工作原理分析

在项目 4 中我们了解了单片机的中断系统，知道了单片机的中断系统分为外部中断和定时/计数器中断，下面就介绍一下定时/计数器中断。

定时/计数器是单片机一个特殊的功能模块，单片机内有两个可编程的定时器/计数器 T0、T1。T0 和 T1 都具有定时和计数两种工作模式。

（1）计数器工作模式

计数功能的实质就是对外来脉冲进行计数，外来脉冲是通过 P3.4、P3.5 这两个引脚分别输入 T0 和 T1。每当计数器的输入引脚发生负跳变时计数器加 1，原理如图 5-4 所示。

计数器中断在实际使用时，必须先由程序设定一个跳变次数，当负跳变的次数达到设定值时候，计数器中断启动进入中断服务子程序进行相应的处理。例如通过程序设置 T0 计数 20 次时进入中断服务子程序，这时 P3.4 脚每接受一次负跳变，计数次数就加 1，P3.4 脚接受了 20 次负跳变时候，此时计数器中断启动，进入中断子程序的处理。如何设定跳变的次数，我们在下面的内容作详细介绍。

（2）定时器工作方式

定时的功能实质上也是通过计数器的计数来实现的，不过此时的计数脉冲来自于

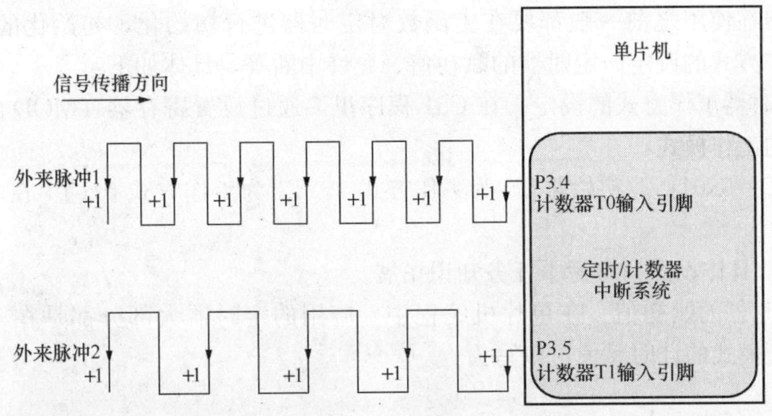

图5-4　单片机计数器模式工作原理图

单片机的内部而不是P3.4和P3.5。单片机的内部脉冲是指单片机工作的每1个机器周期产生1个计数脉冲，也就是每经过1个机器周期的时间，计数器加1。所以定时器实质是通过计数次数来计算时间。

C51系列单片机的定时/计数器具有4种工作方式（方式0、方式1、方式2、方式3），不同的工作方式最明显的区别就是可设定的计数次数上线不同。在任务中使用的是定时器工作方式1。

2. 定时器在C51中的使用（方式1）

（1）定时器如何产生中断

> 定时器产生中断的原理：
>
> T0、T1都是由2个8位寄存器组成的，其中T0是由寄存器TH0(高8位)和TL0(低8位)组成，T1是由寄存器TH1和TL1组成。低8位和高8位这两个寄存器拼到一起就是一个16位的寄存器，这个16位寄存器能存储的数字范围是0000 0000 0000 0000 B(即0)～1111 1111 1111 1111 B(即十进制65535)。如果把这个16位寄存器比作一个装数字的盒子的话，那它最大能装的数就是65535。假如这个寄存器里的数现在就是65535，那么在65535基础上再加一个1的话，这个寄存器就会溢出，这就好比装水的桶已经装满了水，再加水就会溢出。在单片机里，当这个16位的寄存器溢出后，就会发出一个信号给CPU，触发定时/计数器中断。所以产生中断的条件是：由THx和TLx(x = 0或1)组成的16位寄存器溢出。

T0、T1里面的计数装置是一个加法计数器，它的效果是每接受一次负脉冲信号，16位寄存器里面的数就加1，当加到65536后（65535的后一个数）寄存器溢出进入中断。那么如果要求计数的次数为20，寄存器里面的初始值就应该是65536－20＝65516，这样65516在接受20次负脉冲后增长到65536触发中断。

在定时/计数器的实际应用中65536这个触发中断的最大值也是可调的。定时/计数器的4种工作方式拥有不同的触发中断的最大值。

（2）用C程序初始化定时器中断

在本任务中使用的是定时器T0的工作方式1，那么就以此为例来学习定时器的使用。定时器在使用之前一般都要在主函数对定时器进行初始化，初始化的内容包括：定时器工作方式的设定、定时器的赋初值、允许中断等，具体如下：

1）定时器工作方式的设定。在C51程序里，通过设置寄存器TMOD的值来初始化定时器的工作模式：

TMOD=0x01；//初始化T0为工作方式1，T1为工作方式0（T1在本项目中未使用）

TMOD具体设置请参考本任务知识拓展。

2）定时器的赋初值。在单片机编程中，应用的定时器大部分都是在1方式下工作，方式1模式的计时赋值可以写为：

```
THx = (65536 - m)/256;
TLx = (65536 - m) % 256;
```

其中使用T0时x = 0,T1时x = 1,m代表定时的时间,m = 50000时代表定时50ms,所以若要求定时20ms,m应该为20000,以此类推。

3）允许总中断。在项目4中已经学习，通过设置EA来允许和禁止总中断，设置如下：

EA=1；　　//开总中断

4）允许T0或T1中断。在C51程序里，通过设置关键字ET0、ET1的值来确定是否允许使用T0、T1，如下：

ET0=1；　　//允许T0中断（1为允许，0为禁止）

5）启动定时器。在C51程序里，通过设置关键字TR0、TR1的值来确定启动或关闭T0、T1，如下：

TR0=1；　　//启动定时器T0（1为启动，0为关闭）

通过上述步骤的设置就完成了对定时器的初始化，且启动定时器（如本任务中的主函数），当定时器达到触发时间后则进入定时器中断函数进行处理。

（3）如何写定时器中断函数

1）基本写法。通过上面一系列的操作，实现了定时器基本参数的设定，允许了定时器中断，也启动了定时器。此时定时器开始接受负脉冲并计数，当计数达到要求后数据溢出，触发中断，这时CPU就要跳到定时器中断函数中处理中断函数中的语句。

定时器中断函数写法如下：

```
void 函数名()interrupt 中断号
{
函数体
}
```

与外部中断函数类似，其中“中断号”为1或者3，中断号为1时表示的是使用T0的中断函数，为3时表示使用T1的中断函数。

所以如使用T0定时/计数，在写中断函数时中断号必须为1；使用T1时中断号必

须为3，否则出错。

2）定时器中断的重载。使用定时器中断方式1时，经常要求定时1秒以上的整数秒，而定时器触发时间没法达到要求，就需要反复给定时器初值重装进行累计计时。方式1没有自动重装功能，只能通过软件设计实现累计计时。

例5.1

要求变量miao每过1秒钟自加1，应如何实现？定时器中断函数如下：

```
    void  DS()interrupt  1  //中断函数入口,从 TR0 = 1;开始经过 50ms 后进入此程序
{
TR0 = 0;                          //关闭 T0 中断
  TH0 = (65536 - 50000)/256;
TL0 = (65536 - 50000) % 256;      //给 T0 重新赋初值
  time + + ;//time 自加 1

 if  (time = = 20)/ * 判断 time 是否等 20,判断是否进行了 20 次 50ms 的中断,满 1 秒了? * /
  {
 miao + + ;                       //如果满 1 秒了,变量 miao 自加 1
    time = 0;//time 清零,等待下一次 time 等于 20  (1 秒后)
  }

 TR0 = 1;/ * 启动定时器 T0,返回主程序,由于上面已给 T0 赋初值,下一个 50ms 后重新进入中断
函数 * /
 }
```

当进入中断函数，首先关闭T0，给T0赋初值（50ms的中断），通过软件实现了初值的重装。加入一个变量time来判断是否中断进行了20次，如果没到20次，则跳过if语句直接启动T0进行计时，50ms之后又再次进来判断time。

如果time自加到20，就说明已经经历了20次50ms的时间，也就是1秒，这时变量miao自加，同时time清零，启动T0，等待下一次自加到20。

所以同样要求30ms的中断，可以用1次30ms赋值完成，也可以通过累计3次10ms的中断完成。

在设计程序时，通过程序循环赋初值实现了中断函数的重载。加入了中间变量time，实现了时间的界定，能够灵活的掌握变量和判断语句的运用，可以有效的节省很多不必要的麻烦。

知识拓展：定时器系统的中断过程及工作方式

1. 定时/计数器中断过程

定时/计数器中断实际的工作流程如图5-5所示。

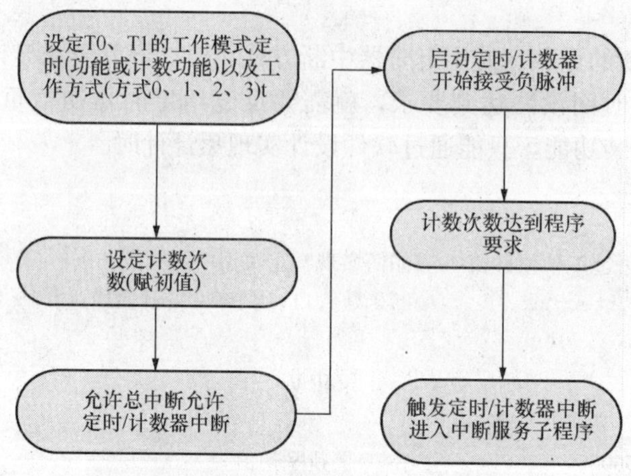

图 5-5 定时/计数器中断工作流程图

2. 设置定时器的工作方式

在项目 4 里我们已经了解一些中断的知识，其中定时器中断 T0、T1 的工作模式分为两种（定时、计数），工作方式分为四种（方式 0、1、2、3）。它们的设定是通过工作方式寄存器 TMOD 来实现的，寄存器 TMOD 是一个 8 位的寄存器，其中低四位的状态决定了 T0 的工作模式及方式，高四位决定了 T1 的工作模式及方式，具体内容如图 5-6 所示。

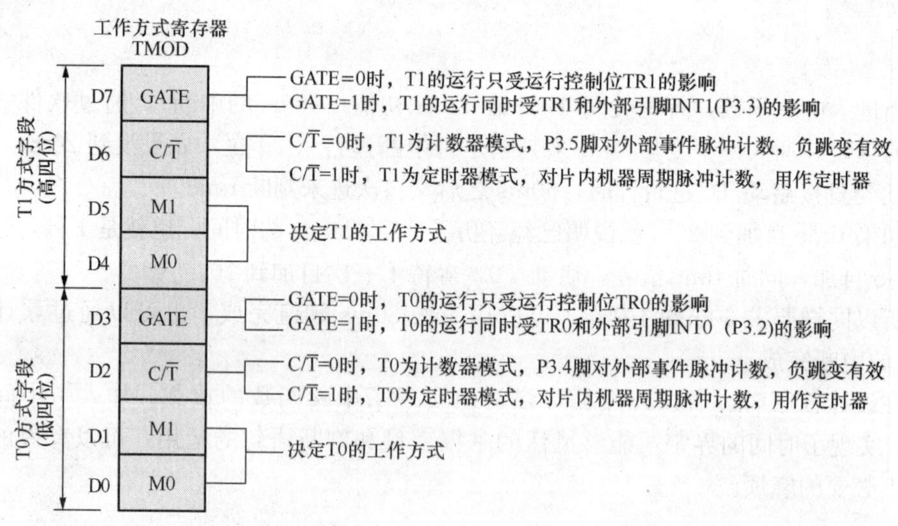

图 5-6 工作方式寄存器 TMOD 结构及位功能

TMOD 低四位与高四位名字都是一样的，分别是 GATE、C/T、M1、M0：

1）GATE：门控位，用来确定如何启动 T0、T1。

当 GATE 为 0 时候，只能用软件启动 T0、T1，操作语句为 TR0＝1；（启动 T0）或 TR1＝1；（启动 T1）

当 GATE 为 1 时，不仅能用软件启动 T0、T1，而且当外部中断信号（低电平或下降沿）来临时也启动 T0、T1。

在实际应用中 GATE 值一般为 0，只有特殊要求或设计用到时候为 1。

2）C/T：计数/定时模式选择位。

其中低四位中的 C/T 控制 T0，高四位中的 C/T 控制 T1。

当 C/T 为 0 时，为计数模式，当 C/T 为 1 时，为定时模式。

3）M0、M1：工作方式选择位，两位可以表示四种状态，具体功能如表 5-2 所示。

表 5-2 工作方式选择位的功能

M1 M0	工作方式	功能
0 0	方式 0	13 位定时器/计数器（二进制 13 位）
0 1	方式 1	16 位定时器/计数器（二进制 16 位）
1 0	方式 2	8 位自动重新装载的定时器/计数器（二进制 8 位）
1 1	方式 3	仅适用 T0，T0 分成 2 个 8 位计数器，T1 停止计数

其中，方式 0 为 13 位定时/计数是指，给定时器赋的初值最大不能超过二进制的 13 个 1，即初值最大为 0001 1111 1111 1111 B，换成十进制是 8191，即在一次定时/计数中断过程中 T0 和 T1 接受负跳变的次数不能超过 8191 次。

同理方式 1 为 16 位定时/计数指，给定时器赋得初值最大不能超过 1111 1111 1111 1111B，换成十进制是 65535，即在一次定时/计数中断过程中 T0 和 T1 接受负跳变的次数不能超过 65535 次。

同理，方式 2 的初值最大数为 1111 1111B，即 255。方式 2 和其他方式不同的地方在于其可以重新装载（即可以多次处理中断程序）。若 T0、T1 在以方式 0 、1 工作，触发中断进入中断服务子程序，处理完之后整个定时计数中断过程就结束了。但方式 2 不同，当触发中断后，进入中断子程序同时初值又会被重新重装（又开始另一次的定时/计数），当再次触发中断时，又进入中断子程序时初值又会被重装，就这样重复以上过程，可以达到多次处理中断程序的效果。

方式 3 在需要进行串行通讯同时需要定时/计数时候才会使用，一般项目中用的比较少，我们的对此只做了解，感兴趣的同学可以去网络上搜索相关知识进行更多的学习。

通过以上对 TMOD 各个位的了解，我们知道，要想让 T0、T1 以什么样的模式方式工作，只要对 TMOD 进行一次赋值就可以实现了。

例 5.2

要求 T1 运行受到软件和外部中断控制，计数器模式，以方式 0 工作；T0 运行只受软件控制，定时器模式，以方式 1 工作。那么 TMOD 应如何设置？

首先 TMOD 高四位决定 T1，T1 运行受到软件和外部中断控制 GATE 应为 1，计数器模式 C/T 应为 0，方式 0 时 M1、M0 都为 0，此时 TMOD 高四位为 1000。

TMOD 低四位决定 T0，T0 运行只受软件控制 GATE 应为 0，定时器模式 C/T 应为 1，方式 1 时 M1、M0 为 0 和 1，此时 TMOD 低四位为 0101。

所以应给 TMOD 赋值 1000 0101B(16 进制为 85H)，方可实现所要求的功能。在 C 语言中可以通过语句“TMOD = 0x85;”实现。看似复杂的设定，体现在编写程序时候只是简单的一句，要明白这条语句的真正含义。

动动手：设计一个四位显示的秒表

请同学们参考案例任务，编写程序完成如下功能（四位显示秒表）：开机或复位后，实现数码管四位显示的 10 进制秒表功能，即数码管四位初始显示 0000，每隔一秒显示加 1，实现秒表功能，到达 9999 秒后下一秒显示重新归为 0000 继续计时。用 medwin 仿真软件编写调试程序，用 STC 下载软件将程序下载到单片机运，观察结果。

考核与评价

完成“四位显示的秒表”考核与评价表 5-3。

表 5-3　考核与评价表

评价项目	评价内容	要求		配分	评分		
					自评	组评	师评
系统的描述	描述秒表的功能特点	口头表达，简洁清楚，描述系统功能齐全		10			
系统硬件组成	理解秒表所使用的硬件器件和占用单片机的 I/O口	正确填写表 5-1		10			
软件的设计	对流程图的理解；程序的编写	在流程图的指导下正确地编写主程序，系统功能实现完整，程序编写简洁	开机或复位后，显示四位数码管初始显示 0000	10			
			每隔一秒显示加 1	15			
			到达 9999 秒后下一秒显示重新归为 0000 继续计时	15			
		系统功能实现完整，程序简洁明了，容量小		5			

续表

评价项目	评价内容	要求	配分	评分		
				自评	组评	师评
系统的调试	调试软件和下载软件的使用	熟悉调试软件的操作步骤，熟悉下载软件的操作步骤，根据调试软件的提示修改错误，能根据观察结果修改程序	15			
安全操作规程与劳动纪律	遵守用电安全操作规程和劳动纪律，有良好的职业道德和职业习惯		10			
完成工作的表现	遵守纪律，认真学习相关知识，积极完成工作任务，团队合作和谐		10			
个人体会	（掌握了哪些技能？学到了哪些知识？有哪些收获？）					
小组评价						
教师评价						

思考与练习

1. 把定时器 T0 设置为工作方式 1，寄存器 TMOD 的内容为多少？

2. 把定时器 T0 设置为工作方式 1，定时器 T1 设置为工作方式 2，寄存器 TMOD 的内容为多少？

3. 把定时器 T0 设置为工作方式 2，定时器 T1 设置为工作方式 2，寄存器 TMOD 的内容为多少？

任务5.2　设计电子钟

【任务背景描述】

“秒表”是只显示秒的计时设备，而电子钟是能够正确显示时、分、秒并进行计时的设备，需要同步匹配当前的时间和精确的计时，相对于秒表更加复杂。在生活中电子钟随处可见，例如：火车站广场的电子计时装置、个人家庭的电子闹钟、学校的电子钟及报时系统等等。

跟我做：设计一个能够显示“分钟十秒”的电子钟

本次案例任务时设计一个能够显示“分钟十秒”的电子钟，编写程序完成如下功能：开机或复位后，实现数码管四位显示“分钟十秒”的时钟功能，其中数码管前两位显示“分钟”，后两位显示“秒”。启动后计时，秒和分钟按实际时间 60 进制，当时

间计时 59 分 59 秒后复位 0000 重新计时。编写并调试程序，下载到单片机运行，观察结果。

任务设计指导

1. 准备工作

(1) 硬件准备

单片机学习板一块，USB 线和数据线一套，电脑一台。

(2) 软件准备

medwin 仿真软件和 STC 下载软件。

2. 任务实施

1）在单片机学习板上思考所需要的元器件，填写占用的单片机 I/O 口，如表 5-4 所示。

表 5-4　占用的单片机的 I/O 口

使用的元器件	占用的单片机的 I/O 口

2）程序设计思路概述。

案例任务“分钟＋秒”的电子钟整体思路与秒表基本一致，程序分显示子函数、定时器中断子函数、算法子函数。

区别在于电子钟的显示子函数需要做四位的显示，算法子函数需要对秒和分钟的转换做操作。而定时器中断子函数则与秒表没有区别。

程序流程如图 5-7 所示。

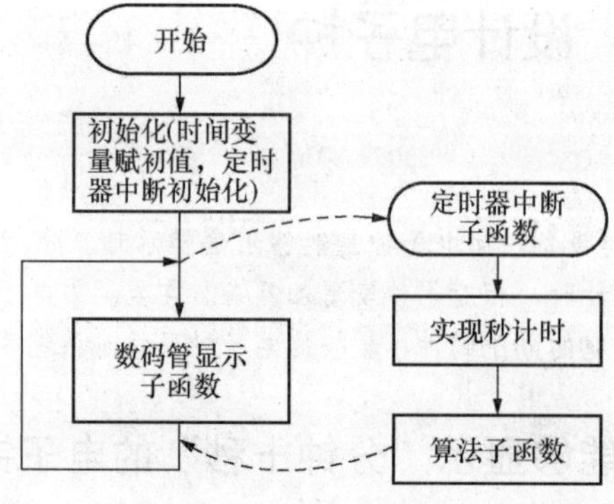

图 5-7　电子钟程序流程图

分钟 + 秒的电子钟主程序参考：

```
unsigned char  time,miao,fen,miao_g  ,miao_s,fen_g,fen_s;
/ * time、miao、fen  为定时器中断计时变量，用来进行时间的计算和保存，其中 miao 是用来记录秒数的变量，fen 是用来记录分钟数的变量。miao_g 和 miao_s 为数码管个位和十位显示秒的变量，fen_g 和 fen_s 为数码管百位和千位显示分钟的变量，程序中将通过定时器中断子函数配合算法子函数修改这四个变量的值，并最终送入显示子函数进行时间的显示 * /
void main()
{
  TMOD = 0x01;//定时器工作模式初始化 T0 方式 1,T1 方式 0(T1 在本项目中未使用)
TH0 = (65536 - 50000)/256;
  TL0 = (65536 - 50000) % 256;//给 T0 赋初值,50ms 中断
  EA = 1;//开总中断
  ET0 = 1;//允许 T0 中断
  TR0 = 1;//启动定时器 T0,50ms 之后进入中断服务子程序
  time = 0;miao = 0;
  miao_g = 0;miao_s = 0;
  fen_g = 0;  fen_s = 0;  //所有时间变量赋初值

  while(1)
{
display(fen_g,fen_s,miao_g,miao_s);
//循环调用显示子函数并将 miao_g 和 miao_s 送入做显示
}
}
```

3）显示子函数与秒表的类似，加入了数码管百位和千位对分钟的显示。

```
/ * * * * * * * * * * * * * * * * * 分钟 + 秒的电子钟显示子函数 * * * * * * * * * * * * *
* *
 函数名称:display
 函数功能:四位数码管显示
 * * * * * * * * * * * * * * * * * * * * * * * * * * * * * * * * * * * * * * * /
 void display(unsigned char fen_g,fen_s,miao_g,miao_s)
 {
   P0 = table[fen_s];                    //table[]为共阳数码管段码表数组
   P2_4  = 0;                            //打开数码管千位显示(分钟的十位)
 delay(3);                               //延时
   P0 = 0xff;                            //消隐
   P2_4  = 1;                            //关闭数码管千位
```

```
  P0 = (table[fen_g])&0x7f;
  P2_5  = 0;                         //打开数码管百位显示(分钟的个位)
delay(3);                            //延时
  P0 = 0xff;                         //消隐
  P2_5  = 1;                         //关闭数码管百位

P0 = table[miao_s];
  P2_6  = 0;                         //打开数码管十位显示(秒的十位)
delay(3);                            //延时
  P0 = 0xff;                         //消隐
  P2_6  = 1;                         //关闭数码管十位

  P0 = table[miao_g];
  P2_7  = 0;                         //打开数码管个位显示
delay(3);                            //延时
  P0 = 0xff;                         //消隐
  P2_7  = 1;                         //关闭数码管个位
}
```

4）算法子函数用来实现每 60 秒分钟进位，秒归零，以及把秒数的个位十位拆分分别送给 miao _ g 和 miao _ s 变量，程序如下：

```
/*************分钟+秒的电子钟算法子函数***************
函数名称:algorithm
函数功能:把"分钟"和"秒"两个变量的十位数和个位数拆开分别给显示函数的变量
实现"秒"变量累加到 60 后,"分钟"变量加一,"秒"变量清零
*********************************************/
void algorithm()
{
  if(miao = = 60)
{
fen + + ;                        //每 60 秒分钟加 1
if(fen = = 60)fen = 0;         //如果到了 60 分钟后分钟自动清 0 复位
miao = 0;                        //分钟加 1 后秒归 0
}

  fen_g = fen % 10;                //取余数,把分钟数的个位取出来送给 fen_g
  fen_s = fen/10;                  //除数,把分钟数的十位取出来送给 fen_s

  miao_g = miao % 10;              //取余数,把秒数的个位取出来送给 miao_g
  miao_s = miao/10;                //除数,把秒数的十位取出来送给 miao_s
}
```

5）定时器中断子函数与任务 5.1 中秒表的定时器中断子函数一样，请自行参考。

6）编译成功之后，利用下载软件把程序下载到单片机上，观察结果。

知识拓展：C51 单片机定时器系统控制

1. 给定时/计数器赋初值

前面已经讲到，定时/计数器不同的工作方式触发中断的计数个数不同，其中：

方式 0：为二进制 13 位计数器（THx 高 8 位，TLx 低 5 位），接受负跳变的次数不能超过 8191 次，当寄存器里面的数为 8192 时，触发中断。

方式 1：为二进制 16 位计数器（THx 高 8 位，TLx 低 8 位），接受负跳变的次数不能超过 65535 次，当寄存器里面的数为 65536 时，触发中断。

方式 2、3：为二进制 8 位计数器，接受负跳变的次数不能超过 255 次，当寄存器里面的数为 256 时，触发中断。

所以在不同的工作方式下，同样要求计数 20 次，给 16 位寄存器赋的初值也不一样。方式 1 的初值是 65516，方式 0 为 8192－20＝8172，方式 2、3 为 256－20＝236。

定时/计数器不同工作方式通用的初值计算公式为：

```
计数:T(初值) = 2^N - 计数次数
定时:T(初值) = 2^N - 定时时间/机器周期时间
```

其中 N 与工作方式有关，方式 0 时，N＝13；方式 1 时，N＝16；方式 2、3 时，N＝8。机器周期时间＝12/晶振频率。（采用 6MHz 的单片机，机器周期为 2μs；采用 12MHz 的单片机，机器周期为 1μs）

通过程序赋初值的模式如下：

```
THx = 初值/   256    ;
TLx = 初值 %   256    ;
```

由于“初值”是一个 16 位数，THx、TLx 分别是这个 16 位数的高 8 位和低 8 位，可以通过“初值/　256　”取整将其高 8 位取出，通过“初值%　256”取余将其低 8 位取出，并分别赋给 THx、TLx。

2. 允许定时/计数器中断

在项目 4 里我们学习了要想使用中断系统，必须要在程序中设定允许中断。同样定时/计数器中断在使用前，要设置允许定时/计数器中断。这些操作是通过设置中断允许寄存器 IE 实现的，如图 5-8 所示。

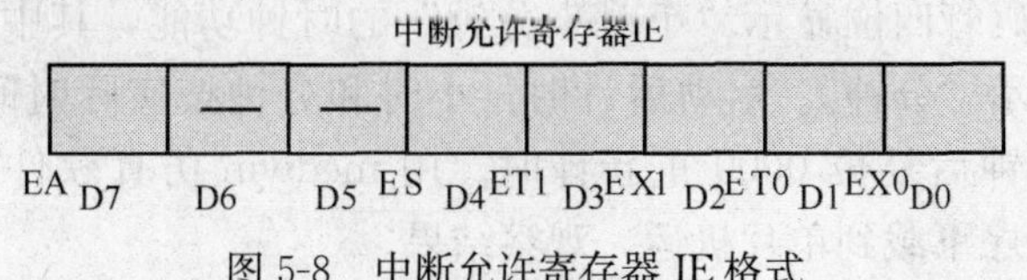

图 5-8　中断允许寄存器 IE 格式

① EA：中断允许总控制位。

EA=0，关闭所有中断；EA=1，允许所有中断。

② ET1：定时/计数器 T1 中断允许控制位。

ET1=0，禁止 T1 中断；ET1=1，允许 T1 中断。

③ ET0：定时/计数器 T0 中断允许控制位。

ET0=0，禁止 T0 中断；ET1=1，允许 T0 中断。

其中 EX0、EX1 我们在项目 4 中已经讲过，是外部中断 0 和 1 的允许控制位。而 ES 是串行中断的允许控制位，将在以后的内容中做详细介绍。

3. 启动定时/计数器

在项目 4 中已经了解寄存器 TCON，其低 4 位与外部中断有关。而它的高 4 位则与定时/计数器有关，内部结构如图 5-9 所示。

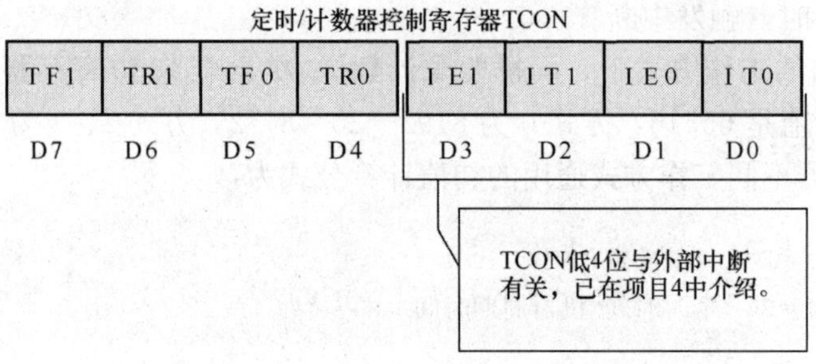

图 5-9　定时/计数器控制寄存器 TCON 格式

其中：

1）TF1、TF0：计数溢出标志位。

当计数器溢出时，该位置 1。此时该信号作为中断请求信号，请求 CPU 响应进入中断服务子程序。

2）TR1、TR0：计数运行控制位（TR0 控制 T0，TR1 控制 T1）。

TR1（TR0）=1 时，启动定时/计数器工作；

TR1（TR0）=0 时，停止定时/计数器工作。

在写程序时，可以通过“TRx=1”；这句来启动相应的定时/计数器工作，通过“TRx=0”；这句来停止相应的定时/计数器工作（x=0 或 1）。

动动手：设计一个显示“小时+分钟”的电子钟

请同学们参考案例任务，编写程序完成如下功能（显示小时+分钟的时钟）：开机或复位后，实现数码管四位显示“小时+分钟”的时钟功能，其中数码管前两位显示“小时”，后两位显示“分钟”。启动后计时，小时和分钟按实际时间 60 进制，当时间计时 23 小时 59 分钟后复位 0000 重新计时。用 medwin 仿真软件编写调试程序，用 STC 下载软件将程序下载到单片机运，观察结果。

考核与评价

完成“小时＋分钟”的电子钟任务的考核与评价表5-5。

表5-5 考核与评价表

<table>
<tr><th rowspan="2">评价项目</th><th rowspan="2">评价内容</th><th rowspan="2" colspan="2">要求</th><th rowspan="2">配分</th><th colspan="3">评分</th></tr>
<tr><th>自评</th><th>组评</th><th>师评</th></tr>
<tr><td>系统的描述</td><td>描述电子钟的功能特点</td><td colspan="2">口头表达，简洁清楚，描述系统功能齐全</td><td>10</td><td></td><td></td><td></td></tr>
<tr><td>系统硬件组成</td><td>理解电子钟所使用的硬件器件和占用单片机的I/O口</td><td colspan="2">正确填写表5-4</td><td>10</td><td></td><td></td><td></td></tr>
<tr><td rowspan="5">软件的设计</td><td rowspan="5">对流程图的理解；程序的编写</td><td rowspan="4">在流程图的指导下正确地编写主程序，系统功能实现完整，程序编写简洁</td><td>开机或复位后，显示四位数码管初始显示0000</td><td>10</td><td></td><td></td><td></td></tr>
<tr><td>每隔60秒，分钟显示加1</td><td>10</td><td></td><td></td><td></td></tr>
<tr><td>到了60分钟，分钟显示清零；时钟显示＋1</td><td>10</td><td></td><td></td><td></td></tr>
<tr><td>到了24小时，小时显示位清0</td><td>10</td><td></td><td></td><td></td></tr>
<tr><td colspan="2">系统功能实现完整，程序简洁明了，容量小</td><td>5</td><td></td><td></td><td></td></tr>
<tr><td>系统的调试</td><td>调试软件和下载软件的使用</td><td colspan="2">熟悉调试软件的操作步骤，熟悉下载软件的操作步骤，根据调试软件的提示修改错误，能根据观察结果修改程序</td><td>15</td><td></td><td></td><td></td></tr>
<tr><td>安全操作规程与劳动纪律</td><td colspan="3">遵守用电安全操作规程和劳动纪律，有良好的职业道德和职业习惯</td><td>10</td><td></td><td></td><td></td></tr>
<tr><td>完成工作的表现</td><td colspan="3">遵守纪律，认真学习相关知识，积极完成工作任务，团队合作和谐</td><td>10</td><td></td><td></td><td></td></tr>
<tr><td>个人体会</td><td colspan="7">（掌握了哪些技能？学到了哪些知识？有哪些收获？）</td></tr>
<tr><td>小组评价</td><td colspan="7"></td></tr>
<tr><td>教师评价</td><td colspan="7"></td></tr>
</table>

思考与练习

1. 使用定时器 T0 定时 3000μS，采用工作方式 1，求计数初值。
2. 使用定时器 T1 定时 100μS，采用工作方式 2，求计数初值。
3. 定时器中断知识填空题。

（1）允许定时器 T0 中断，则 EA=______，ET0=______。

（2）允许定时器 T0 中断，则 EA=______，ET1=______。

（3）启动定时器 T0 中断，则______=1。

（4）启动定时器 T1 中断，则______=1。

4. 程序填空题。

（1）unsigned int x=2590，y，z；

y=x/1000；

z=x%1000%100；

求：y=________；　z=________；

（2）unsigned char a=90，b=3，c，d；

c=a/b；

d=a%b；

求：c=________；　d=________。

任务5.3　设计可调电子钟

【任务背景描述】

主流的电子钟设备不仅有时间的显示界面，通常还包括按键、按钮部分来对时间进行调节和校正，以达到人机交互的效果。所以一个功能完善的电子钟设备，不仅需要精确的显示和计时，还需要有调整校准功能，以备使用者在需要的情况下进行调整。

跟我做：设计一个分钟可调的电子钟

本次案例任务是设计一个分钟可调的电子钟，编写程序完成如下功能（分钟可调的时钟）：开机或复位后，实现数码管四位显示“分钟+秒”的时钟功能，其中数码管前两位显示“分钟”，后两位显示“秒”。启动后计时，秒和分钟按实际时间 60 进制，当时间计时 59 分 59 秒后复位 0000 重新计时。

使用矩阵键盘 sw6、sw7、sw8、sw9 按键对时钟进行设置，要求如下：

按下 sw6 按键进入调节分钟模式，此时数码管显示时间停止。

按键 sw7、sw8 分别对分钟进行+1、-1 调节，同时在数码管上面显示。

按下 sw9 按键退出设置模式，时钟按照调节好的时间继续计时。

编写并调试程序，下载到单片机运行，观察结果。

任务设计指导

1. 准备工作

(1) 硬件准备

单片机学习板一块，USB线和数据线一套，电脑一台。

(2) 软件准备

medwin仿真软件和STC下载软件。

2. 任务实施

1) 在单片机学习板上思考所需要的元器件，填写占用的单片机I/O口，如表5-6所示。

表5-6　占用的单片机I/O口

使用的元器件	占用的单片机I/O口

2) 程序设计思路概述。

可调电子钟对比之前的两个任务唯一的区别在于加入按键对时间的控制，所以在本项目的程序中，不仅要写入定时器子函数、算法子函数对时间的控制和修改，还要写入键盘子函数对时间的修改。

要注意的是，键盘子函数和定时器子函数对时间的影响是互锁的，即当键盘子函数对时间做修改时，必须关闭定时器中断子函数以关掉中断对时间的影响。

所以，本任务程序的编写大概可以细化为以下三部分功能：

① 能够实现对时间变量每秒稳定加一的函数，定时器中断函数。

② 能够实现对时间变量分秒进位，数据拆分的函数，算法函数。

③ 能够对数码管进行操作实时显示时间变量的函数，数码管显示函数。

④ 能够实现对按键进行扫描捕捉并实现功能的函数，键盘函数。

参考以上设计思路确定设计方案，程序流程如图5-10所示。

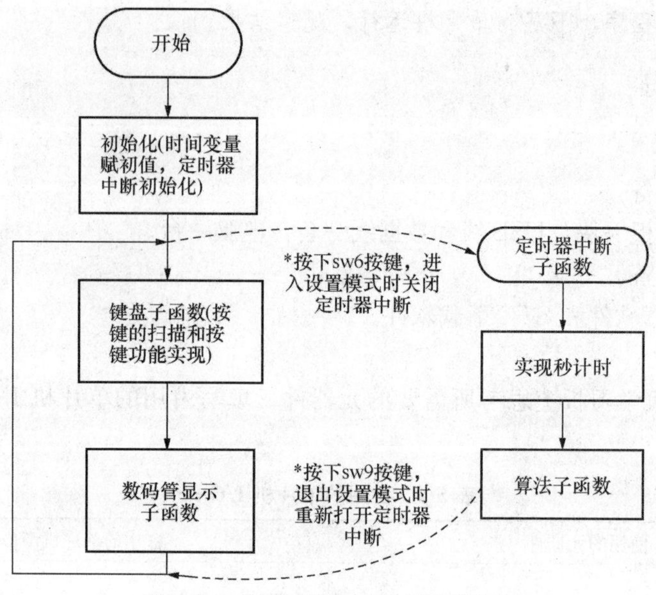

图 5-10　分钟可调电子钟程序流程图

分钟可调的电子钟主程序参考：

```
bit temp = 0;//temp 为设定模式状态标志位,1 表示进入设定模式,0 表示退出设定模式
unsigned char  time,miao,fen,miao_g  ,miao_s,fen_g,fen_s;
/ * time、miao、fen  为定时器中断计时变量,用来进行时间的计算和保存,其中 miao 是用来记录
秒数的变量,fen 是用来记录分钟数的变量。miao_g 和 miao_s 为数码管个位和十位显示秒的变量,
fen_g 和 fen_s 为数码管百位和千位显示分钟的变量,程序中将通过定时器中断子函数配合算法子函
数修改这四个变量的值,并最终送入显示子函数进行时间的显示 * /
void main()
{
  TMOD = 0x01;//定时器工作模式初始化 T0 方式 1,T1 方式 0(T1 在本项目中未使用)
THO = (65536 - 50000)/256;
  TL0 = (65536 - 50000) % 256;//给 T0 赋初值,50ms 中断
  EA = 1;//开总中断
  ET0 = 1;//允许 T0 中断
  TR0 = 1;//启动定时器 T0,50ms 之后进入中断服务子程序
time = 0;miao = 0;
miao_g = 0;miao_s = 0;
fen_g = 0;  fen_s = 0;  //所有时间变量赋初值
  while(1)
{
key();//调用键盘子函数实现对按键的扫描,以及按键功能的实现
display(fen_g = 0,fen_s = 0,miao_g,miao_s);
//调用显示子函数并将 miao_g 和 miao_s 送入做显示
}
}
```

3）显示子函数与任务 5.2“分钟＋秒”的电子钟显示子函数一样，请自行参考。

4）算法子函数与任务 5.2“分钟＋秒”的电子钟算法子函数一样，请自行参考。

5）定时器中断子函数与任务 5.2 中“分钟＋秒”的电子钟定时器中断子函数一样，请自行参考。

6）键盘子函数。

在本任务中，使用了单片机实验板上的 2×2 矩阵键盘，所以键盘子函数内容分两部分：一是对按键的扫描，二是按键功能的实现。程序使用扫描法完成按键的识别，详情请见本节相关知识，程序流程如图 5-11 所示。

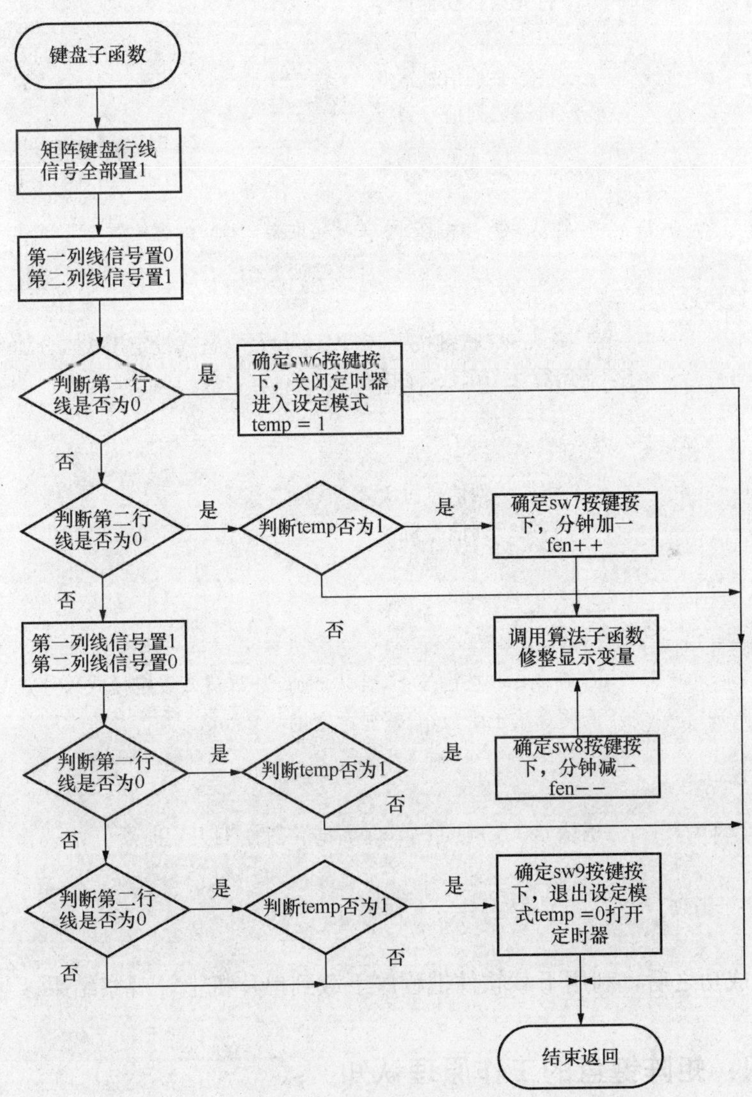

图 5-11　分钟可调电子钟键盘子函数程序流程图

```
/****************分钟可调电子钟键盘子函数**************
函数名称:key
函数功能:2*2矩阵键盘,有设置键sw6、加一键sw7、减一键sw8和退出键sw9
*****************************************************************/
  void  key()              //键盘子函数
{
P2_0=1;
P2_1=1;                    //首先给行线全置1

P2_2=0;                    //将第一列信号置0
P3_6=1;                    //将第二列信号置1

if(P2_0==0)
{TR0=0;  temp=1;}  //确认sw6按键按下,关闭定时器,temp标志位置1
if(P2_1==0)
{if(temp==1)
{fen++;                  //确认sw7按键按下,确认temp为1(进入设定模式),分加1
algorithm();}          //调用算法子函数,修整显示变量
}

P2_2=1;                    //将第一列信号置1
P3_6=0;                    //将第二列信号置0

if(P2_0==0)
{if(temp==1)
{fen--;                  //确认sw8按键按下,确认temp为1(进入设定模式),分减1
algorithm();}          //调用算法子函数,修整显示变量
}
if(P2_1==0)
{temp=0;TR0=1;}    //确认sw9按键按下,temp标志位置0,打开定时器

}  //退出子函数
```

7）编译成功之后，利用下载软件把程序下载到单片机上，观察结果。

相关知识：矩阵键盘的工作原理认知

1. 矩阵键盘

单片机的键盘形式分为独立式键盘和矩阵式键盘两种，独立式键盘在项目 3 中已经介绍，下面学习矩阵键盘。

矩阵键盘也叫行列式键盘，用于按键数目较多的场合，它由行线和列线组成，按键位于行列的交叉点上，如图 5-12 所示。

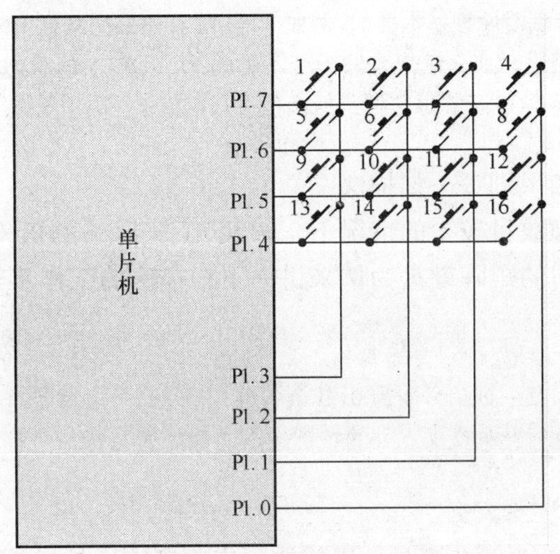

图 5-12　单片机 4×4 矩阵键盘原理图

如上图 4×4 的矩阵构成 16 个按键的键盘，同理 3×3 的矩阵键盘有 9 个按键。很明显，在按键数目较多的场合，矩阵式键盘与独立式键盘相比，要节省很多的 I/O 口。

(1) 判断是否有按键按下

按键设置在列线（P1.0～P1.3）与行线（P1.4～P1.7）的交叉点上，这时若按下任意一个按键，按键两端的行、列线短接。例如按下“6”号按键，则“6”号按键两端的行线 P1.6 与列线 P1.2 互相导通。

根据这样的结构，给列线（P1.0～P1.3）赋值为 0，行线（P1.4～P1.7）赋值为 1，即 P0＝0x0F。

假如没有按键按下，由于行、列线之间是断开的，P0 的信号应该一直是 0FH。此时若有一个按键按下，那么此按键两端的行列线导通，列线的 0 信号会经过导通的按键进入行线，这时行线 P1.4～P1.7 中必有一个变为 0。通过这样的过程就能够判断是否有按键按下，如图 5-13 所示。

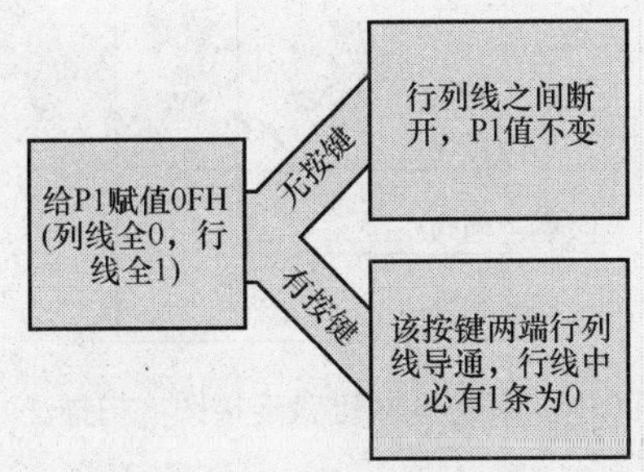

图 5-13　判断是否有按键按下

通过给行线赋 1 列线赋 0，然后判断是否有变化，就能判断是否有按键按下。反过来赋(列线为 1，行线为 0)原理是一样的。

其他按键数目的键盘赋值原理基本类似，例如 3×3 键盘如果列线是 P1.0～P1.2，行线是 P1.3～P1.5(P1.6、P1.7 做其他用途)，那么赋值时候为了不影响 P1.6、P1.7 的状态，可以单独的为每一个引脚赋值，也可以通过“与”和“或”运算屏蔽掉最后两位进行赋值。

(2) 按键的确认和识别——扫描法

扫描法多用于按键数目较少的情况下，一般 4×4 以下的矩阵键盘用扫描法比较合适。下面就以任务三中的矩阵键盘为例来讲一下扫描法的工作步骤。

扫描法的基本工作原理是：

先把行信号全变为 1，某一列信号变为 0，其余各列信号为 1。之后检查各行的变化，假如某一行信号变为 0，那么就确定此行此列交叉点处的按键按下。假如所有行信号都不变，则切换到下一列继续检查。

图 5-14 为任务 5.3 键盘连接图，用扫描法来判断哪个按键按下，假设 SW9 按键按下，处理流程如下：

(1)首先给行线全置 1，即

P2_0 = 1;

P2_1 = 1;

将第一列信号置 0

P2_2 = 0;

其余列信号为 1

P3_6 = 1;

(2)第一次判断行线信号

由于置 0 第一列 P2_2，此时 SW6、SW7 列线一端信号为 0，若他们中有一个按下，则所在的行线为 0，也就确定按下的按键。

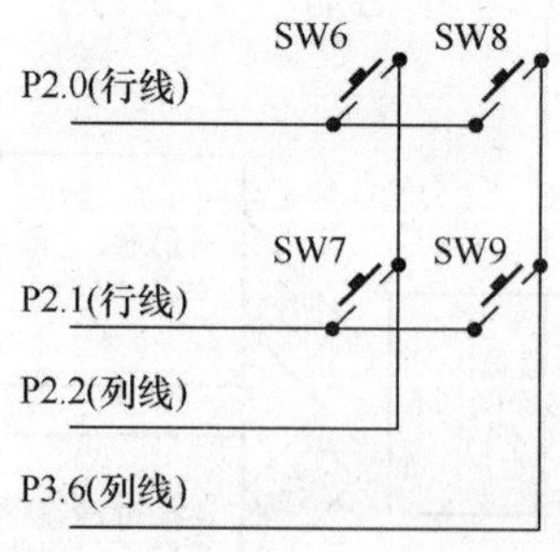

图 5-14　任务 5.3 键盘连接图（扫描法）

判断行线

if(P2_0 = = 0){进行 SW6 按下处理;}

if(P2_1 = = 0){进行 SW7 按下处理;}

由于假设中 SW6、SW7 并没按下,此时还没搜索到按下的按键,则继续处理。

(3)给第二条列线置 0

P3_6 = 0;

其余列信号为 1:

P2_2 = 1;

(4)第二次判断行线信号:

由于置 0 第二列 P3_6,此时 SW8、SW9 列线一端信号为 0,若他们中有一个按下,则所在的行线为 0,也就确定按下的按键。判断行线:

if(P2_0 = = 0){进行 SW8 按下处理;}

if(P2_1 = = 0){进行 SW9 按下处理;}

由于假设中 SW9 按下,当程序进行到 if(P2_1 = = 0)时,条件成立,进入"SW9 按下处理"此时已经搜索到按下的按键,退出按键扫描程序。

以上的流程就是用扫描法来进行按键的识别，扫描法也叫做逐行扫描法。通过上面的分析，我们可以知道要判断哪个按键按下，就要一行行的逐行来进行扫描，直到扫描到按下的按键为止。扫描法适用于行列较少的键盘系统，如果行列线较多，那么扫描起来会相当的耗时费力。

2. switch 语句的使用

switch 语句是完成选择结构程序的语句之一，如果程序有过多分支时，一般采用 switch 语句，可以使结构清晰，它实现的功能如图 5-15 所示。

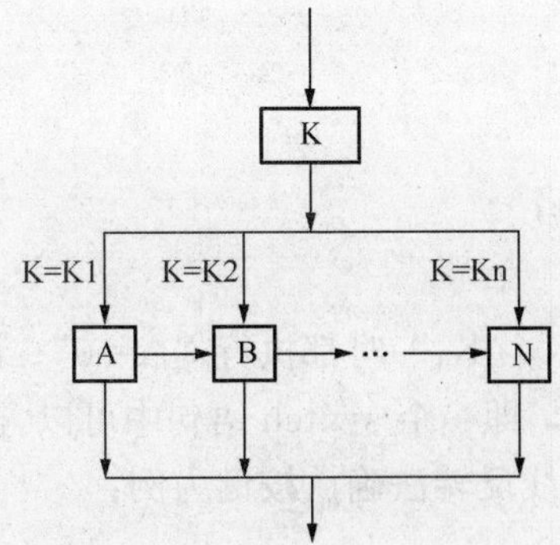

图 5-15　switch 语句功能图（选择结构）

switch 语句叫多分支选择语句，也叫开关语句，其一般形式为：

```
switch(表达式)
{
  case 常量表达式 1:语句 1;break;
  case 常量表达式 2:语句 2;break;
```

```
    case 常量表达式 3:语句 3;break;
    case 常量表达式 4:语句 4;break;
   ⋮
    case 常量表达式 n:语句 n;break;
        default:语句 n+1;
   }
```

其意义是：计算 switch 后面表达式的值，并将其作为条件与 case 后面的各个常量表达式的值相比，如果相等时则执行 case 后面的语句，之后再执行 break 语句跳出 switch 语句结构；如果 case 后面没有和条件相等的值时就执行 default 后的语句，default 语句只是程序不满足所有 case 条件情况下的一个默认情况执行语句。

【注意】

① switch（表达式）圆括号后不能加“;”。

② break 语句的作用是，程序在执行完一个 case 分之后，能够跳出 switch 语句结构，即终止 switch 语句的执行。最后一个分支 default 可以不加 break。

③ case 后的各个表达式的值都应该是不一样的，否则会出现错误。

④ case 后允许出现多条语句，可以不用“{}”括起来。例如：

case 常量表达式 1：A=0；B=0；break;

与

case 常量表达式 1：{A=0；B=0；break;}

是一样的。

⑤ 各个 case 与 default 语句先后顺序位置可以改变，而不影响程序执行结果。

⑥ default 语句可以省略不写。

⑦ 多个 case 可以共用一组执行语句，例如：

```
   ⋮
    case  K1 :
    case  K2  :
    case  K3  :A = 0;break;
   ⋮
```

当表达式的值为“K_1、K_2、K_3”时都执行“A=0”；语句。

⑧ switch 语句可以嵌套，即一个 switch 语句中可以含有另外的 switch 语句。

例如，以 4×4 矩阵键盘线反转法确认按键为例：

例 5.3

4×4 矩阵键盘线反转法确认按键，其中 A、B 分别代表按键的行信号和列信号，参考图 5-15 进行分析：

```
switch(A)  //判断行信号 A 的值
{
case  0xE0://第一行有按键按下
          switch(B)  //判断列信号 B 的值
            {  case  0x0E:16 键按下处理;break;
               case  0x0B:15 键按下处理;break;
               case  0x0D:14 键按下处理;break;
               case  0x07:13 键按下处理;break;
            }
case  0xB0://第二行有按键按下
          switch(B)  //判断列信号 B 的值
            {  case  0x0E:12 键按下处理;break;
               case  0x0B:11 键按下处理;break;
               case  0x0D:10 键按下处理;break;
               case  0x07:9 键按下处理;break;
            }
case  0xD0://第三行有按键按下
          switch(B)  //判断列信号 B 的值
            {  case  0x0E:8 键按下处理;break;
               case  0x0B:7 键按下处理;break;
               case  0x0D:6 键按下处理;break;
               case  0x07:5 键按下处理;break;
            }
case  0x70://第四行有按键按下
          switch(B)  //判断列信号 B 的值
            {  case  0x0E:4 键按下处理;break;
               case  0x0B:3 键按下处理;break;
               case  0x0D:2 键按下处理;break;
               case  0x07:1 键按下处理;break;
            }

}
```

知识拓展：线反转法的原理

1. 按键的确认和识别——线反转法

扫描法需要逐行扫描按键进行查询，当被按下的按键在最后一行时，要经过多次扫描才能最终捕捉到按键。而线反转法则比较简便，无论按键属于第一行或者最后一行，均只需经过2步便获得按键所在的行列值。

线反转法的基本工作原理是：

先把行线全部置1，列线全部置0，这时若有按键按下，则行线中由1变0的一行为按键所在行。

再把行线全部置0，列线全部置1，这时若有按键按下，则列线中由1变0的一列为按键所在列。

综合上述2步骤，可以确定按键所在行列，从而识别出按键的位置。

图5-16为4×4键盘连接图，我们用线反转法来判断哪个按键按下，假设“11”按键按下，处理流程如下：

1)首先把行线全部置1(P1.4～P1.7为1)，列线全部为0(P1.0～P1.3为0)

P1 = 0xF0;

此时若无按键按下，那么P1的值不变。由于题目中假设“11”按键按下，这时11两端行列线导通，即P1.5和P1.1短接，P1.5信号由1变为0。那么可以确定行线位置是第2行，P1的值变为D0H，这个D0H就表示第2行有按键按下，也就是“11”键所在行，保存这个值：

A = P1;

把P1现在的值D0H赋给A。

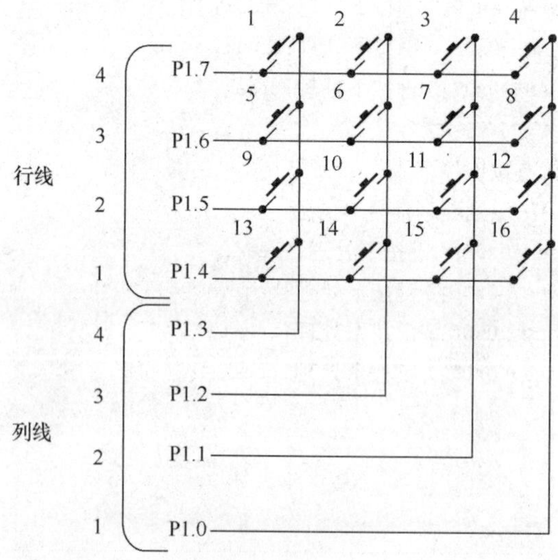

图5-16 4×4矩阵键盘连接图（线反转法）

2)接下来调换行列线的初始状态，把行线全部置0(P1.4～P1.7为0)，列线全部为1(P1.0～P1.3为1)

```
P1 = 0x0F;
```

此时若无按键按下，那么P1的值不变。由于题目中假设“11”按键按下，同理P1.1信号由1变为0。那么可以确定行列线位置是第2行，P1的值变为0DH，这个0DH就表示第2列有按键按下，也就是“11”键所在列，保存这个值：

```
B = P1;
```

把P1现在的值0DH赋给B。

3)综合上面的分析，已经知道按键的所在行是第2行，所在列是第2列，从而证实了按下的按键是“11”键。那么如何通过程序的方式让单片机知道按下的是那个按键呢？

我们知道一条行线和一条列线可以确定一个按键，每一个按键都是由其所在的行列线确定的，而不同按键之间的行列线都是不一样的。也就是说每一个按键按下后，其产生的行信号和列信号都是各不相同的。

以上面为例，可以借用“11”键的行信号D0H也就是A，和列信号0DH也就是B，来确定按键。有了这样的思想，就可以通过程序来完成对按键的确认了。

C语言中可以用很多方法来确认按键，例如可以用if...else先判断行信号，确定是哪一行后再用if判断列信号，从而确定按键。

也可以用switch语句来判断行、列信号，switch语句的用法将在下面的内容作介绍。

上面的方法容易理解，但写起来很麻烦，下面介绍一种比较简单的方法。

一个行信号代表这一行的4个按键都有可能按下，而列信号也如此，但如果能把一个按键行列信号“拼”起来，这个拼接后的值是独一无二的，它能够代表按下的按键。

如上面的例子，在C语言中用下面的语句将“11”键的行列信号进行拼接：

```
C = A|B;//A与B进行按位“或”运算后的值赋给C
```

其中A的值为D0H(1101 0000B)，B的值为0DH(0000 1101B)，两个变量进行“或”(有1出1，全0出0)运算后得到DDH赋给C，得到了拼接后的值C之后就可以通过查表的方式来确定按键了。

这个拼接后的值叫做按键的键值或者键码，以4×4键盘例子为例，其键码如图5-17所示。

在实际的项目里，不同的硬件连接方法，对应的按键键码是不一样的，例如一个5×3的矩阵键盘，按键的键码又是另外一种。如果设计中要用到矩阵键盘，就需要设计者首先对键盘的硬件做了解并计算键值，之后才可进行进一步编程，所以我们更应该侧重对矩阵键盘原理上的了解而不是对程序的死记硬背。

2. 编写矩阵键盘程序流程图

矩阵键盘程序流程如图5-18所示。

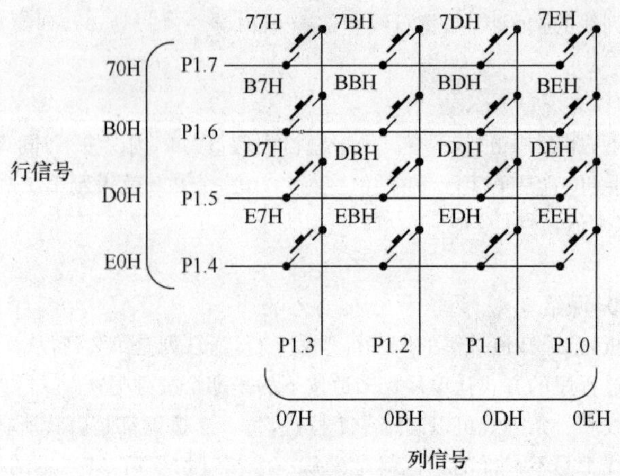

图 5-17 4×4 矩阵键盘键码图表

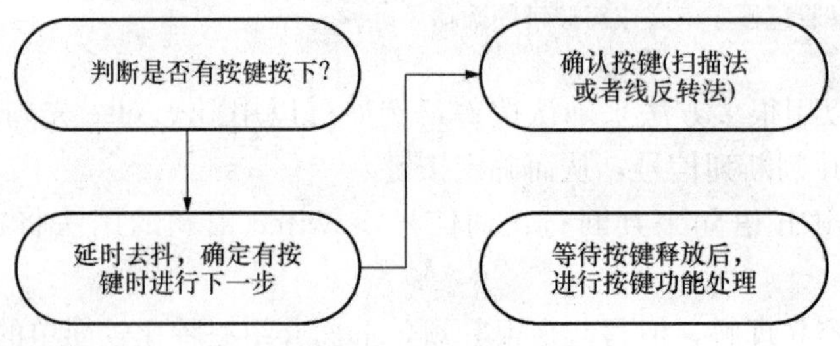

图 5-18 矩阵键盘程序流程

动动手：设计一个小时可调的时钟

请同学们参考案例任务，编写程序完成如下功能（小时可调时钟）：开机或复位后，实现数码管四位显示“小时＋分钟”的时钟功能，其中数码管前两位显示“小时”，后两位显示“分钟”。启动后计时，小时和分钟按实际时间 60 进制，当时间计时 23 小时 59 分钟后复位 0000 重新计时。

使用矩阵键盘 sw6、sw7、sw8、sw9 按键对时钟进行设置，要求如下：

按下 sw6 按键进入调节分钟模式，此时数码管显示时间停止。

按键 sw7、sw8 分别对小时进行＋1、－1 调节，同时在数码管上面显示。

按下 sw9 按键退出设置模式，时钟按照调节好的时间继续计时。

用 medwin 仿真软件编写调试程序，用 STC 下载软件将程序下载到单片机运，观察结果。

考核与评价

完成“小时可调的时钟”任务的考核与评价表 5-7。

表 5-7　考核与评价表

<table>
<tr><th rowspan="2">评价项目</th><th rowspan="2">评价内容</th><th rowspan="2" colspan="2">要求</th><th rowspan="2">配分</th><th colspan="3">评分</th></tr>
<tr><th>自评</th><th>组评</th><th>师评</th></tr>
<tr><td>系统的描述</td><td>描述可调电子钟的功能特点</td><td colspan="2">口头表达，简洁清楚，描述系统功能齐全</td><td>10 分</td><td></td><td></td><td></td></tr>
<tr><td>系统硬件组成</td><td>理解可调电子钟所使用的硬件器件和占用单片机的 I/O 口</td><td colspan="2">正确填写表 5-6</td><td>10 分</td><td></td><td></td><td></td></tr>
<tr><td rowspan="6">软件的设计</td><td rowspan="6">对流程图的理解；程序的编写</td><td rowspan="5">在流程图的指导下正确地编写主程序，系统功能实现完整，程序编写简洁</td><td>时钟功能齐全</td><td>8 分</td><td></td><td></td><td></td></tr>
<tr><td>sw6 按键进入调节分钟模式，此时数码管显示时间停止</td><td>8 分</td><td></td><td></td><td></td></tr>
<tr><td>sw7 按键对小时进行＋1 调节，数码管小时位显示＋1，超过 24 清零</td><td>8 分</td><td></td><td></td><td></td></tr>
<tr><td>Sw8 按键对小时进行－1 调节，数码管小时位显示－1。减到 0 按键停止作用</td><td>8 分</td><td></td><td></td><td></td></tr>
<tr><td>按下 sw9 按键退出设置模式，时钟按照调节好的时间继续计时</td><td>8 分</td><td></td><td></td><td></td></tr>
<tr><td colspan="2">系统功能实现完整，程序简洁明了，容量小</td><td>5 分</td><td></td><td></td><td></td></tr>
<tr><td>系统的调试</td><td>调试软件和下载软件的使用</td><td colspan="2">熟悉调试软件的操作步骤，熟悉下载软件的操作步骤，根据调试软件的提示修改错误，能根据观察结果修改程序</td><td>15 分</td><td></td><td></td><td></td></tr>
<tr><td>安全操作规程与劳动纪律</td><td colspan="3">遵守用电安全操作规程和劳动纪律，有良好的职业道德和职业习惯</td><td>10 分</td><td></td><td></td><td></td></tr>
<tr><td>完成工作的表现</td><td colspan="3">遵守纪律，认真学习相关知识，积极完成工作任务，团队合作和谐</td><td>10 分</td><td></td><td></td><td></td></tr>
<tr><td>个人体会</td><td colspan="7">（掌握了哪些技能？学到了哪些知识？有哪些收获？）</td></tr>
<tr><td>小组评价</td><td colspan="7"></td></tr>
<tr><td>教师评价</td><td colspan="7"></td></tr>
</table>

项目6 智能小车运动控制

项目任务与目标

项目包含的工作任务

1. 设计感应干手机控制系统
2. 设计智能小车的运动控制系统
3. 设计智能小车的避障控制系统

项目应达到的教学目标

通过以上三个工作任务的实训，应达到以下几个教学目标：

1. 掌握红外传感器知识
2. 掌握直流电机启停控制
3. 掌握直流电机正反转控制知识
4. 熟悉单片机控制系统开发流程

各种工业机器人

随着科技的发展，越来越多的企业实现了生产自动化，许多工作都由机器人来完成，从而节省了生产成本，为企业带来了更大的利润。尽管各行各业使用的机器人外形各异、功能不同，但是内部都采用各种传感器来感知工作信号、通过智能芯片来控制电机转动，带动机械臂做各种动作。智能小车也是一种机器人，由于它的体积小，运动灵活，可以在管道之类的狭窄空间进行烟雾探测、搜救、勘探等工作。本项目通过智能小车运动控制和自动干手机控制的学习，掌握传感器的知识和电机控制的知识。

任务6.1　设计感应干手机控制系统

【任务背景描述】

在机场、车站、商场等公共场所的人流量大，这些地方的洗手间里都配有自动干手机，给人们洗手后使用，避免了因使用其他方式擦干手掌而引起的传染病传播，故颇受使用者的欢迎。

跟我做：感应干手机起停控制

编写程序完成如下功能：开机或复位后，干手机处于待机状态，将手伸向红外线感应器下方，直流电机启动，干手机会吹出风来，将手移开，直流电机停止。

编写并调试程序，下载到单片机运行，观察结果。

任务设计指导

1. 准备工作

(1) 硬件准备

单片机学习板一块，感应干手机模块，USB线和数据线一套，电脑一台。

(2) 软件准备

medwin仿真软件和STC下载软件。

2. 任务实施

1）填写占用的单片机I/O口，如表6-1所示。

表6-1　占用的单片机I/O口

使用的元器件	占用的单片机I/O口

2）实现感应干手机电机起停控制效果。

主函数流程如图6-1所示。

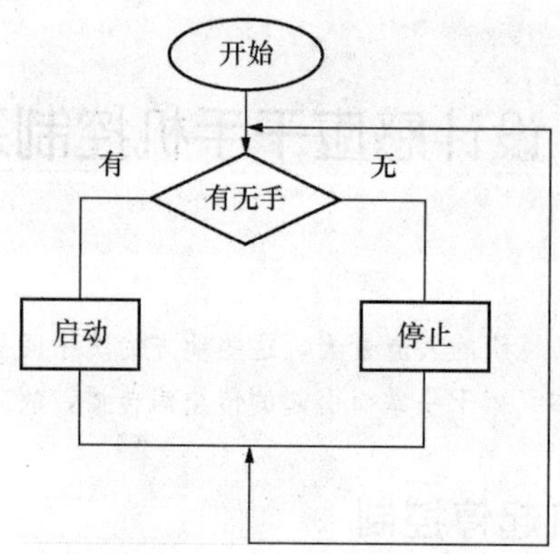

图 6-1　感应干手机电机起停控制主程序参考流程图

```
/**************感应干手机起停控制主函数**************
函数名称:main
函数功能:感应干手机电机的起动停止控制
*******************************************/
#include  <at89x51.h>
sbit  jc = P1^0;//红外线传感器检测信号
sbit  en = P2^0;//电机驱动芯片使能信号
sbit  in1 = P2^1;//直流电机控制信号
sbit  in2 = P2^2;//直流电机控制信号
void main()
{while(1)
{if(jc = =1)       //有手
{en = 1;
in1 = 1;
in2 = 0;
}
    if(jc = =0)       //无手
        {en = 0;
        in1 = 0;
        in2 = 0;
        }
  }
}
```

3）实现感应干手机控制电阻丝的加热。

4）实现感应干手机起停控制效果。

5）实现感应干手机加热控制效果。

主函数流程如图 6-2 所示。

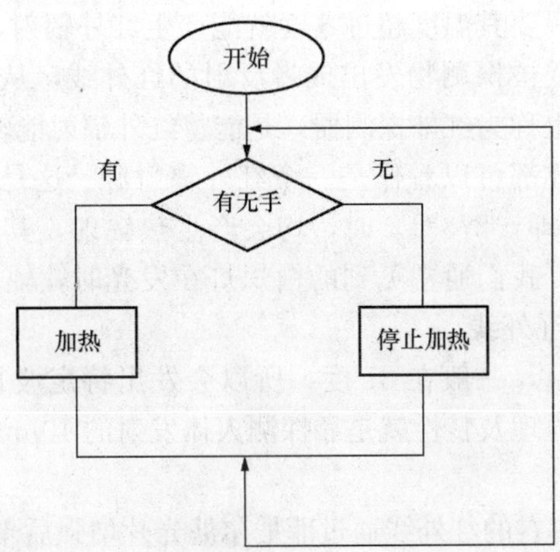

图 6-2　感应干手机电阻丝的加热控制主程序参考流程图

```
/************感应干手机电阻丝的加热控制主函数***********
函数名称:main
函数功能:感应干手机电阻丝通电断电控制
******************************************************/
#include  <at89x51.h>
sbit  jc = P1^0;
sbit  jr = P2^3;//电阻丝加热信号
void main()
{while(1)
{if(jc = =1)        //有手
{
jr = 0;
}
    if(jc = =0)        //无手
        {
        jr = 1;
        }
  }
}
```

6）利用 STC-ISP 下载 hex 文件到单片机，观察单片机的运行效果。

相关知识：感应干手机控制系统基本认知

1. 红外传感器知识

（1）红外传感器概念及工作原理

宇宙间的任何物体只要其温度超过零度就能产生红外辐射，事实上同可见光一样，红外探测就是用仪器接受被探测物发出或者反射的红外线，从而掌握被测物所处位置的技术。红外传感器（也称为红外探测器）是能将红外辐射能转换成电能的光敏器件。

自然界中的任何物体都可以看作是一个红外辐射源。这是因为当物体表面的温度高于绝对温度零度 0K（即－273℃）时，均会产生热辐射，其热辐射产生的光谱主要是位于红外波段。例如，我们通常见到的白炽灯在发光时，辐射光中约有 10%是可见光，其余 90%几乎都是红外线。

人体都有恒定的体温，一般在 37 度，所以会发出特定波长 10μm 左右的红外线，被动式红外探头的工作原理及特性就是靠探测人体发射的 10μm 左右的红外线而进行工作的。

人体发射的 10μm 左右的红外线通过菲尼尔滤光片增强后聚集到红外感应源上。红外感应源通常采用热释电元件，这种元件在接收到人体红外辐射温度发生变化时就会失去电荷平衡，向外释放电荷，经后续电路处理后即可产生报警信号。这种探头是以探测人体辐射为目标的。所以热释电元件对波长为 10μm 左右的红外辐射必须非常敏感。为了仅仅对人体的红外辐射敏感，在它的辐射照面通常覆盖有特殊的菲尼尔滤光片，使环境的干扰受到明显的控制作用。一旦人侵入探测区域内，人体红外辐射通过部分镜面聚焦，经信号处理而报警。

（2）红外传感器元件外观及引脚功能

图 6-3 中 G GND、S＋5V、D 输出。

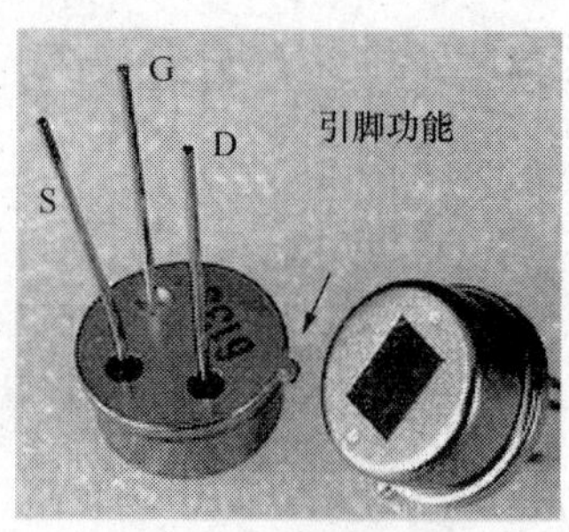

图 6-3　红外传感器

（3）红外传感器信号整型电路

由于红外传感器输出引脚的信号波形不是理想的方波，所以还需要外接个信号整型电路，使得红外传感器输出的信号变成单片机能够识别的方波，才能供单片机控制系统使用。

图 6-4 为信号整型电路的参考电路图。

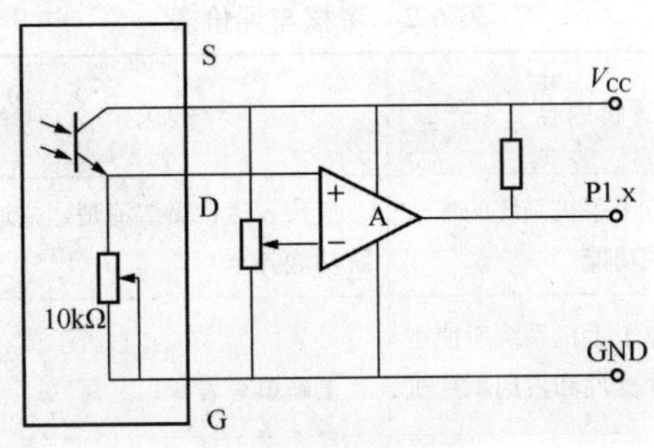

图 6-4　信号整型电路原理图

2. 电阻丝加热原理

在单片机控制系统中，大量应用的是开关量的控制，这些开关量一般经过单片机的 I/O 输出，而 I/O 的驱动能力有限，一般不足以驱动一些点磁执行器件，需加接驱动介面电路，为避免单片机受到干扰，须采取隔离措施。如可控硅所在的主电路一般是交流强电回路，电压较高，电流较大，不易与微机直接相连，可应用光耦合器将单片机控制信号与可控硅触发电路进行隔离，电路实例如图 6-5 所示。

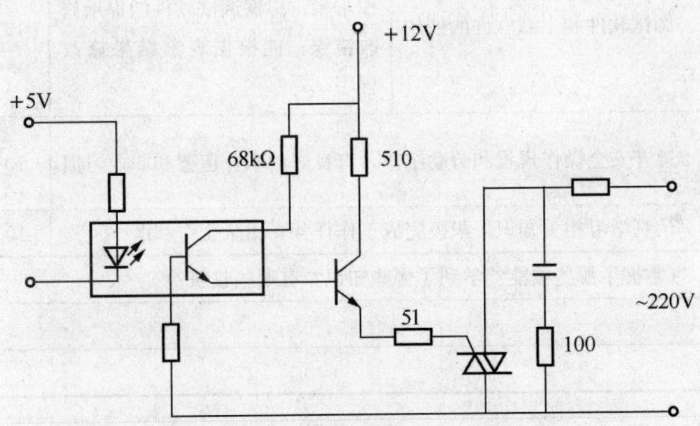

图 6-5　电阻丝加热原理图

动动手：设计感应干手机起停、加热控制

请同学们参考案例任务，编写程序完成如下功能：开机或复位后，感应干手机处于待机状态，当手移动到红外线感应器下方，实现感应干手机起停、加热综合控制。编写调试程序，用 STC 下载软件将程序下载到单片机运，观察结果。

考核与评价

完成“感应干手机起停、加热控制”的考核与评价表 6-2。

表 6-2　考核与评价表

评价项目	评价内容	要求	配分	评分		
				自评	组评	师评
系统的描述	描述感应干手机系统的加热功能和送风功能	口头表达，简洁清楚，描述系统功能齐全	10			
系统硬件组成	理解感应干手机系统所使用外接的硬件器件和占用单片机的 I/O 口	正确填写表 6-1	10			
软件的设计	程序的编写简洁，功能实现完整	手移动到红外线感应器下方，实现感应干手机起动	10			
		加热控制启动	10			
		手离开到红外线感应器下方，感应干手机停止	10			
		加热控制停止	10			
		程序简洁明了，容量小	5			
系统的调试	调试软件和下载软件的使用	熟悉调试软件\下载软件的操作步骤；根据调试软件的提示修改错误；能根据观察结果修改程序	15			
安全操作规程与劳动纪律	遵守安全操作规程和劳动纪律，有良好的职业道德和职业习惯		10			
完成工作的表现	认真学习相关知识，积极完成工作任务，团队合作和谐		10			
个人体会	（掌握了哪些技能？学到了哪些知识？有哪些收获？）					
小组评价						
教师评价						

任务6.2　设计智能小车运动控制系统

【任务背景描述】

智能小车是一种小型的机电一体化的系统，外形小巧有趣，能够在控制程序的作用下做各种运动，实现在既定路线上的自动行走，是一种寓教于乐的教学辅助用具。

跟我做：智能小车单项运动控制

编写程序完成如下功能：开机或复位后，分别实现智能小车前进、后退、左拐弯、右拐弯等功能。

编写调试程序，用 STC 下载软件将程序下载到单片机运，观察结果。

任务设计指导

1. 准备工作

(1) 硬件准备

智能小车一台，数据线一套，电脑一台。

(2) 软件准备

medwin 仿真软件和 STC 下载软件。

2. 任务实施

1）思考所需要的元器件，填写占用的单片机 I/O 口，如表 6-3 所示。

表 6-3 占用的单片机 I/O 口

使用的元器件	占用的单片机 I/O 口

2）编写智能小车各种单项运行的控制程序。智能小车的运动包括：前进、后退、左转、右转、停止等运动。小车的运动是通过控制左右两个电机的来实现的。两个电机正转则小车前进、两个电机反转则小车后退、两个电机停止转动则小车停止、左轮正转同时右轮反转则原地右转、右轮正转同时左轮反转则原地左转。智能小车左轮的电机控制端为 IN1 和 IN2，右轮的电机控制端为 IN3 和 IN4，小车的运动情况与电机的控制关系如表 6-4 所示。

表 6-4 智能小车的运动情况与电机的控制关系表

小车运动情况	左轮电机 IN1	左轮电机 IN2	右轮电机 IN3	右轮电机 IN4
前进	1	0	1	0
后退	0	1	0	1
左转	0	1	0	1
右转	1	0	0	1

智能小车单项运动参考程序：

```
/****************智能小车前进控制函数**************
子函数名称:comeon
子函数功能:智能小车前进控制
***************************************************/
#include<reg52.h>
void comeon( )      //前进
{in2 = 0;
 in4 = 0;
 in3 = 1;
 in1 = 1;
}
void  main( )  //主函数
{          P1 = 0XFF;
         P2 = 0XFF;
  while(1)
{
  comeon();//循环调用小车前进程序
  }
}
```

```
/***********智能小车后退控制函数****************
子函数名称:cmoeback
子函数功能:智能小车后退控制
***************************************************/
#include<at89x51.h>
void comeback()
{in2 = 1;
 in4 = 1;
 in3 = 0;
 in1 = 0;
}
```

```
void  main( )  //主函数
{          P1 = 0XFF;
         P2 = 0XFF;
  while(1)
{
  comeback();//循环调用小车后退程序
}}
```

```
/*********智能小车前进1秒、左转、再前进控制函数*******/
#include<at89x51.h>
sbitin1 = P2^0   ;
sbitin2 = P2^1   ;
sbitin3 = P2^2   ;
sbitin4 = P2^3   ;
  void delay(unsigned int t)//延时程序
{
    unsigned char j;
    while(t--)
    {for(j = 100;j>0;j--);}
}
//左转
void comeleft()
{in1 = 0;
 in2 = 1;
 in3 = 1;
 in4 = 0;
 delay(200);
   }
}

void  main()  //主程序
{P1 = 0XFF;
 P2 = 0XFF;
   comeon();
   delay(10000);
   comeleft();//调用左转子程序
 while(1)
  {
     comeon();
  }
}
```

```
/********智能小车前进1秒、右转、再前进参考程序************/
#include<at89x51.h>
sbitin1 = P2^0  ;
sbitin2 = P2^1  ;
sbitin3 = P2^2  ;
sbitin4 = P2^3  ;

void comeright()          //右转
{
  in1 = 1;
  in2 = 0;
  in3 = 0;
  in4 = 1;
  delay(200);
}

void  main(void)  //主程序
{         P1 = 0XFF;
         P2 = 0XFF;
    comeon();
    delay(10000);
    comeright();
    while(1)
    {
      comeon();
    }
}
```

相关知识：智能小车运动控制系统基本认知

1. 直流电机工作原理

本次任务使用了两个直流电机来控制车轮的运动，直流电机的工作原理如下：给直流电机的两个电刷加上直流电源，如图 6-6（a）所示，则有直流电流从电刷 A 流入，经过线圈 *abcd*，从电刷 B 流出，根据电磁力定律，载流导体 *ab* 和 *cd* 收到电磁力的作用，其方向可由左手定则判定，两段导体受到的力形成了一个转矩，使得转子逆时针转动。如果转子转到如图 6-6（b）所示的位置，电刷 A 和换向片 2 接触，电刷 B 和换向片 1 接触，直流电流从电刷 A 流入，在线圈中的流动方向是 *dcba*，从电刷 B 流出。

此时载流导体 *ab* 和 *cd* 受到电磁力的作用方向同样可由左手定则判定，它们产生的转矩仍然使得转子逆时针转动。这就是直流电动机的工作原理。外加的电源是直流的，但由于电刷和换向片的作用，在线圈中流过的电流是交流的，其产生的转矩的方向却是不变的。实用中的直流电动机转子上的绕组也不是由一个线圈构成，同样是由多个线圈连接而成，以减少电动机电磁转矩的波动，绕组形式同发电机。

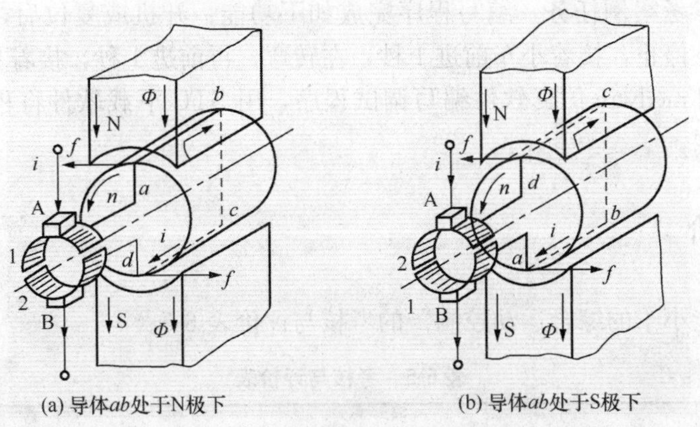

图 6-6　直流电机的工作原理

2. 电机驱动芯片

在本案例中，用到了小型电机来驱动智能小车的运动，然而在单片机控制系统中，单片机的 I/O 的驱动能力有限，不能直接驱动直流电机来带动小车，只能通过微型电机驱动集成电路来驱动小车的运动。

本案例我们采用的是美国德州仪器生产的微型电机驱动集成电路芯片 L293D，其内部结构与引脚功能如图 6-7 所示。

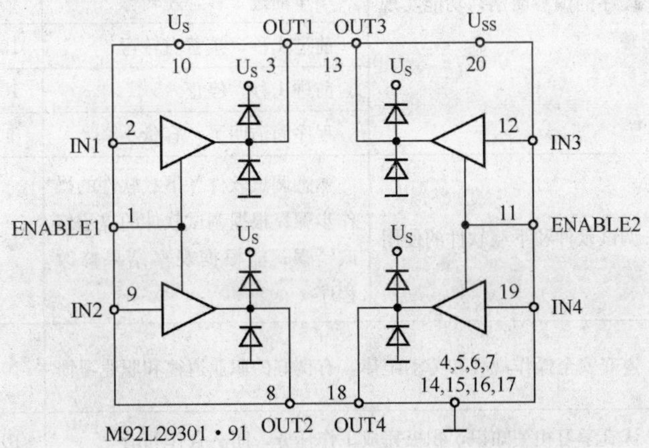

图 6-7　电机驱动集成电路芯片 L293D 内部结构图

L293D 采用 16 引脚 DIP 封装，L293D 将 2 个 H—桥电路集成到 1 片芯片上，这就意味着用 1 片芯片可以同时控制 2 个电机。每 1 个电机需要 3 个控制信号 ENABLE、IN1 或 IN3、IN2 或 IN4，在本案例中，ENABLE 处于永远有效状态，即接电源正极，IN1 或 IN3、IN2 或 IN4 为电机转动方向控制信号，IN1 或 IN3、IN2 或 IN4 分别为 1，0 时，电机正转，反之，电机反转，如果同为 1，1 时，电机停止。

动动手：智能小车综合运动控制

请同学们参考案例任务，编写程序完成如下功能：开机或复位后，智能小车后退运动大约 1 秒，停止，接着小车前进 1 秒，左转弯，再前进 1 秒，接着右转弯，再前进 1 秒，停止。用 medwin 仿真软件编写调试程序，用 STC 下载软件将程序下载到单片机运，观察结果。

考核与评价

完成“智能小车的综合运动控制”的考核与评价表 6-5。

表 6-5　考核与评价表

评价项目	评价内容	要求	配分	评分		
				自评	组评	师评
系统的描述	描述智能小车运动原理	口头表达，简洁清楚，描述系统功能齐全	10			
系统硬件组成	理解智能小车运动所使用的微型电机驱动集成电路和占用单片机的 I/O 口	正确填写表 6-3	10			
软件的设计	程序的编写简洁，功能实现完整	开机或复位后，智能小车后退运动大约 1 秒，停止	10			
		小车前进 1 秒，左转弯	10			
		前进 1 秒，接着右转弯	10			
		前进 1 秒，停止	10			
		程序简洁明了，容量小	5			
系统的调试	调试软件和下载软件的使用	熟悉调试软件\下载软件的操作步骤；根据调试软件的提示修改错误；能根据观察结果修改程序	15			
安全操作规程与劳动纪律	遵守安全操作规程和劳动纪律，有良好的职业道德和职业习惯		10			
完成工作的表现	认真学习相关知识，积极完成工作任务，团队合作和谐		10			
个人体会	（掌握了哪些技能？学到了哪些知识？有哪些收获？）					
小组评价						
教师评价						

任务6.3　设计智能小车避障控制系统

【任务背景描述】

给智能小车装上各种传感器，可以实现不同的功能。例如：给小车的正前方装上红外线发射接收管可以用来检测障碍物，让小车做避障运动，如果红外线发射接收管装在底盘，可以实现循线运动。

跟我做：设计智能小车遇障停止控制系统

编写程序完成如下功能：开机或复位后，智能小车前进，遇到障碍物自动停止、后退，转弯、无障碍物继续前进。编写调试程序，用 STC 下载软件将程序下载到单片机运，观察结果。

任务设计指导

1. 准备工作

(1) 硬件准备

智能小车一台，数据线一套，电脑一台。

(2) 软件准备

medwin 仿真软件和 STC 下载软件。

2. 任务实施

1) 填写智能小车控制系统占用的单片机 I/O 口，如表 6-6 所示。

表 6-6　占用的单片机 I/O 口

使用的元器件	占用的单片机 I/O 口

2) 编写智能小车前进，遇到障碍物自动停止的控制程序。

```
/**********智能小车遇障自动停止控制参考程序***************/
void stop()//停止
{
in1 = 0;
in2 = 0;
in3 = 0;
in4 = 0;
}

void main()
{
P1 = 0XFF;//置高 P1 口
P2 = 0XFF;//置高 P2 口
comeon();
while(P3_5 = = 0)//检测前方有障碍物吗?
{
stop();//停止
   }
}
```

相关知识：智能小车避障控制系统基本认知

1. 红外线发射与接收

（1）红外线发射与接收原理

现在我们来学习本例红外线发射与接收的原理，红外线接收器是一种可以接收红外信号并能独立完成从红外线接收到输出与 TTL 电频信号兼容的器件，体积和普通的塑封三极管差不多，对外只有三个引脚：Out、GND、V_{CC}，与单片机接口非常方便：

1）脉冲信号输出端，直接接单片机的 IO 口。

2）GND 接系统的地线（0V）。

3）V_{CC}接系统的电源正极（+5V）。

（2）红外发射管

红外线发射管也称红外线发射二极管，属于二极管类。它是可以将电能直接转换成近红外光（不可见光）并能辐射出去的发光器件，红外线发射管的结构、原理与普通发光二极管相近，只是使用的半导体材料不同，发出的是红外线。外观如图 6-8 所示。

2. 智能小车的避障原理

红外线发射管发出红外线，当智能小车前方有障碍物时，红外线发射管发出红外线被障碍物反射回来，小车上的红外线接受模块接收到反射回来的红外线，判断出前

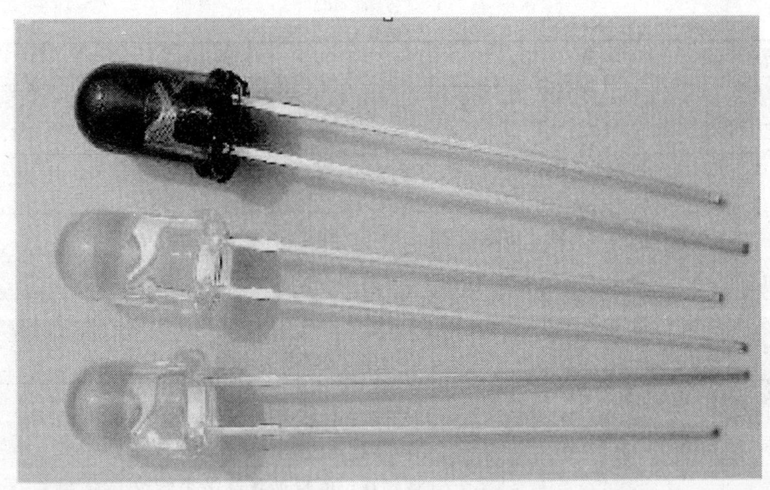

图 6-8　红外线发射二极管

方有障碍物。此时装在智能小车上的红外线接受模块输出端输出一个低电平到单片机的 IO 口，单片机检测到这个地电平就表示检测到前方有障碍物，可以控制小车的电机停止运动，然后转弯，避开障碍物。

动动手：设计智能小车避障运动控制系统

请同学们参考本节的案例任务和上一节的智能小车运动控制，编写程序完成如下功能：开机或复位后，智能小车前进，遇到障碍物后停止、后退一段距离，然后探测障碍物，左转到无障碍物的方向，再前进。编写调试程序，用 STC 下载软件将程序下载到单片机运，观察结果。

考核与评价

完成“智能小车避障运动控制系统”的考核与评价表 6-7。

表 6-7　考核与评价表

评价项目	评价内容	要求	配分	评分		
				自评	组评	师评
系统的描述	描述智能小车运动避障的原理	口头表达，简洁清楚，描述系统功能齐全	10			
系统硬件组成	理解智能小车避障所使用的红外线收发模块的工作原理和占用单片机的 I/O 口	正确填写表 6-6	10			

续表

评价项目	评价内容	要求	配分	评分		
				自评	组评	师评
软件的设计	程序的编写简洁，功能实现完整	开机或复位后，智能小车前进	8			
		遇到障碍物后停止	8			
		后退一段距离	8			
		左转到无障碍物的方向	8			
		无障碍物的方向再前进	8			
		程序简洁明了，容量小	5			
系统的调试	调试软件和下载软件的使用	熟悉调试软件\下载软件的操作步骤；根据调试软件的提示修改错误；能根据观察结果修改程序	15			
安全操作规程与劳动纪律	遵守安全操作规程和劳动纪律，有良好的职业道德和职业习惯		10			
完成工作的表现	认真学习相关知识，积极完成工作任务，团队合作和谐		10			
个人体会	（掌握了哪些技能？学到了哪些知识？有哪些收获？）					
小组评价						
教师评价						

思考与练习

1. 人体都有恒定的体温，一般在 37℃左右，所以会发出特定波长为多少米的红外线？

2. 为什么单片机不能直接驱动智能小车？本书的案例任务使用的是什么驱动芯片？

3. 叙述红外线电路发射与接收的工作原理。

4. 请叙述直流电机的工作原理。

项目 7 家电设备工作状态远程监控

项目任务与目标

项目包含的工作任务 ☞

项目主要实现对单片机串口的操作，本项目包含三个工作任务：

1. 串行口数据发送
2. 串行口数据接收
3. 电灯工作状态的远程监控

项目应达到的教学目标 ☞

用过以上三个工作任务的实训，应达到以下几个教学目标：

1. 掌握单片机串行口波特率的设置方法、串口数据发送的方法
2. 掌握单片机串行口的查询与中断数据接收方法
3. 掌握单片机串行口通信协议的确定方法，学会单片机串口的基本编程与应用

家居电器设备智能化及网络化将是未来家电技术发展的一个方向，用户可以实现远程异地了解并控制家居电器设备的工作情况。本项目采用单片机串口与计算机连接实现一个简单的短距离的家电设备工作状态远程监控，在计算机上可以了解被监控设备是否处于通电状态，并可以实现对设备电源开关的控制。如采用串口转网口设备转接，可连接到互联网，实现更远距离的监控。

任务7.1 串行口数据发送

跟我做：单片机串口发送字符“A”给PC机

编写程序完成如下功能：开机或复位后，单片机学习板通过串口每隔约一秒钟发出字符“A”，单片机通过串口连接线与PC机串口相连，在PC机上运行“串口调试助手”，PC接收软件上显示出单片机发送过来的字符，编写并调试程序，下载到单片机运行，并运行PC端“串口调试助手”，观察显示结果。

任务设计指导

1. 准备工作

（1）硬件准备

单片机学习板一块，USB线一条，RS232串口线，带RS232串口电脑。

（2）软件准备

medwin仿真软件和STC下载软件，“串口调试助手”软件。

2. 任务实施

1）在单片机学习板上思考所需要的元器件，填写占用的单片机I/O口，如表7-1所示。

表7-1 占用的单片机I/O口

使用的元器件	占用的单片机I/O口

2）使用USB线连接单片机学习板和PC机的USB口，使用RS232串口线连接单片机学习板的串口和PC机的串口。

3）编写发送字符“A”给PC机的程序。

① 编写串口初始化子函数。

```
/**********串口初始化子函数*****************
**函数名称：          init
**函数功能描述：        串口初始化设置
**************************************/
void init()
{
  PCON |= 0x80;/*波特率倍增*/
  TMOD &= 0x0F;/*初始化定时器 T1*/
  TMOD |= 0x20;/*定时器 T1 工作在方式 2(即自动重装初值),定时状态由 TR1 控制   */
  TL1 = 0xF3;/*波特率为:4800*/
TH1 = 0xF3;/*波特率为:4800*/
    ET1 = 0;  /*T1 用作波特率发生器,禁止 T1 中断   */
    TR1 = 1;     /*启动定时器 T1   */
    SCON = 0x50;  /*方式 1*/
}
```

② 编写串口发送一个字节的子函数。

```
/***************串口发送一个字节*******************
**函数名称：       SendByte
**函数功能：       发送一个字节
*************************************/
void SendByte(unsigned char dat)
{
    SBUF = dat;
    while(! TI);
    TI = 0;
}
```

③ 编写延时程序。

```
/**********延时子程序****************************
**函数名称:      DelayMs
**函数描述:      延时
*************************************************/
void DelayMs(unsigned long int t)
{
  unsigned long int i = 1000;
    while(t--)
    {
      while(--i);
    }
}
```

④ 编写发送字符“A”的主函数（图 7-1）。

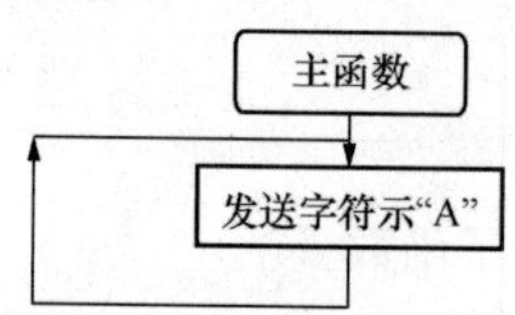

图 7-1　发送字符“A”的主函数流程图

```
/***************发送字符 A 的主函数*******************
**函数名称:       main
**函数功能描述:       串行口连续发送字符 A
*************************************************/
void main()
{
    init();
while(1)          /*主循环   */
    {
        SendByte('A');
        DelayMs(1000);
    }
}
```

4）使用串口调试助手软件在 PC 机上接收字符 A。

串口调试助手软件不需安装，下载解压后直接双击程序 串口调试助手V2.2.exe ，即可运行，界面如图 7-2 所示。

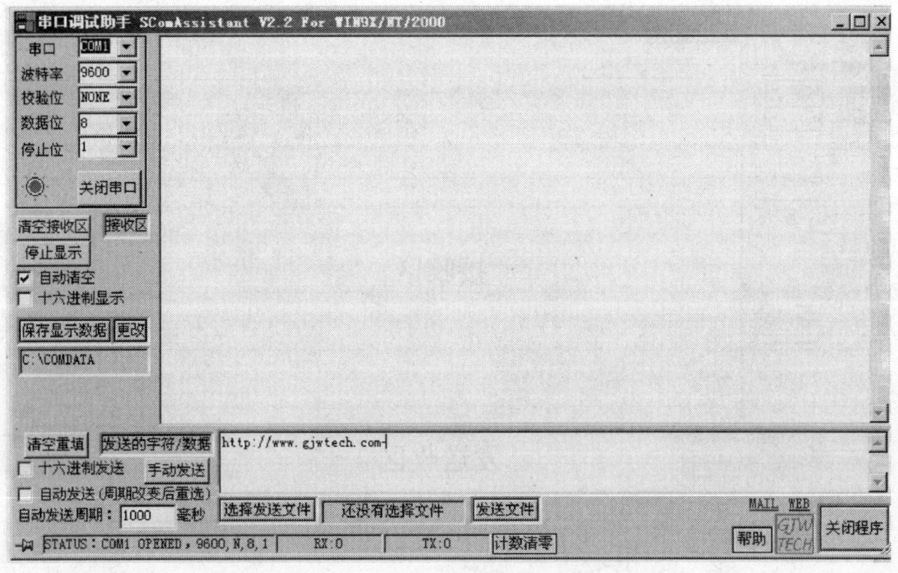

图7-2　串口调试助手窗口

① 设置串口参数。串口：1-4。波特率：600～256000，>115200时需要硬件支持。

设置好串口（一般为COM1），波特率4800、校验位NONE、数据位8、停止位1，并单击“打开串口”按钮，使按钮左边指示灯为红色，如图7-3所示。

图7-3　设置串口参数

② 接收单片机发来的字符。软件界面的接收区，为PC机接收到数据显示区域，可选十六进制显示，当勾选“自动清空”后，一旦接收区数据显示满后清空接收区，单击“停止显示”，就可暂停接收单片机发送来数据以便观察当前数据，图7-3所示为PC机接收到单片机连续发来的字符“A”。接收到的数据可以用“保存显示数据”按钮保存到指定的文件夹中。

软件界面的发送区，为PC向串口发送的数据区，为人工键盘输入，当勾选“十六进制发送”时，发送区应输入的是十六进制数据。发送方式可单击“手动发送”按钮发送，也可以勾选“自动发送”按钮，以指定的“自动发送周期”中的时间间隔（毫秒）发送。还可以选择文件发送。

程序下端的状态栏为当前设置的参数及累计收发（RX/TX）的字节数。

③ 在串口调试助手软件的接收区观察单片机发来的字符“A”，如图7-4所示。

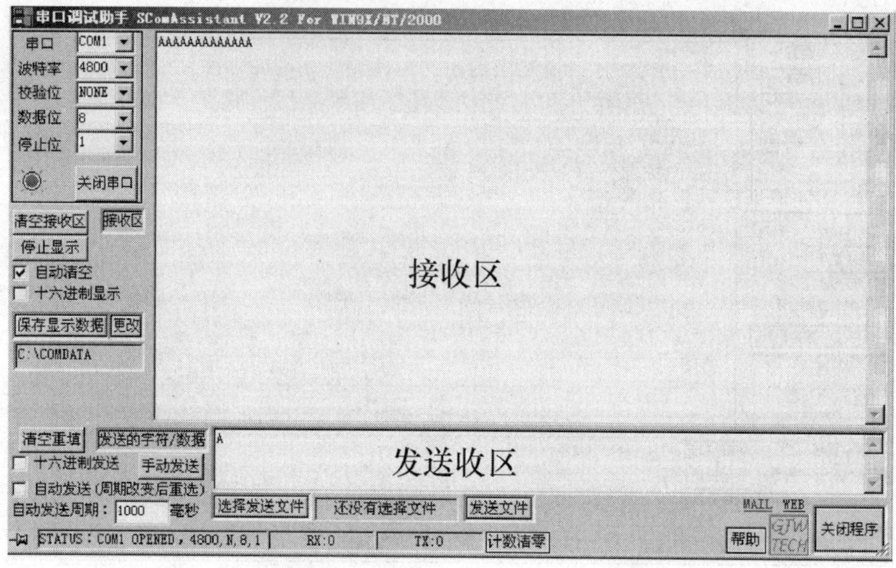

图 7-4　接收单片机发来的字符

相关知识：串行口数据发送原理基本认知

1. 串行通信基础知识

计算机与外界的信息交换称为通信。

(1) 串行通信和并行通信

通信的基本方式可分为并行通信和串行通信两种（图 7-5）。所谓并行通信是指数据的各位同时在多根数据线上发送或接收。串行通信是数据的各位在同一根数据线上依次逐位发送或接收。

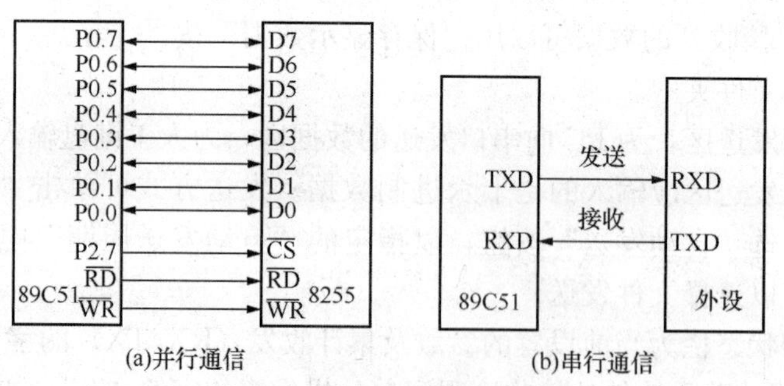

图 7-5　通信的基本方式

目前串行通信在单片机双机、多机以及单片机与 PC 机之间的通信等方面得到了广泛应用。

(2) 同步通信和异步通信

串行通信按同步方式可分为异步通信和同步通信两种基本通信方式。

1）同步通信。同步通信是一种连续传送数据的通信方式，一次通信传送多个字符数据，称为一帧信息。数据传输速率较高，通常可达 56000bps 或更高。其缺点是要求发送时钟和接收时钟保持严格同步。

同步通信的数据帧格式如图 7-6 所示。

$$T_{\mathrm{d}}=\frac{1}{1200}=0.833\ (\mathrm{ms})$$

同步字符	数据字符1	数据字符2	…	数据字符 $n-1$	数据字符 n	校验字符	(校验字符)

图 7-6　同步通信数据传送格式

2）异步通信。本次任务采用的是异步通信的方式。

在异步通信中，数据通常是以字符或字节为单位组成数据帧进行传送的。收、发端各有一套彼此独立，互不同步的通信机构，由于收发数据的帧格式相同，因此可以相互识别接收到的数据信息。异步通信信息帧格式如图 7-7 所示。

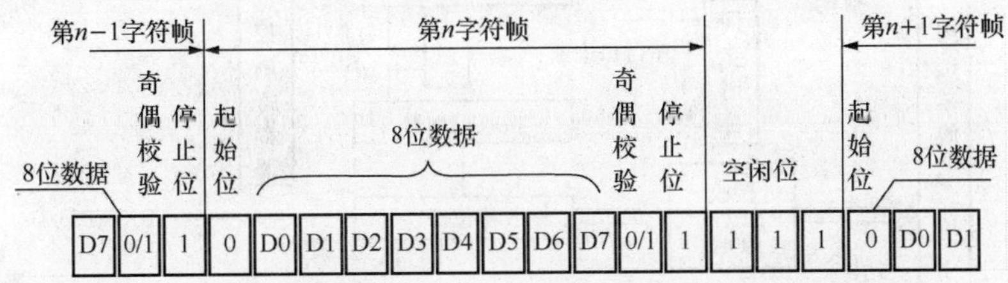

图 7-7　异步通信帧格式

① 起始位：在没有数据传送时，通信线上处于逻辑“1”状态。当发送端要发送 1 个字符数据时，首先发送 1 个逻辑“0”信号，这个低电平便是帧格式的起始位。其作用是向接收端表示发送端开始发送一帧数据。接收端检测到这个低电平后，就准备接收数据信号。

② 数据位：在起始位之后，发送端发出（或接收端接收）的是数据位，数据的位数没有严格的限制，5～8 位均可。由低位到高位逐位传送。

③ 奇偶校验位：数据位发送完（接收完）之后，可发送一位用来检验数据在传送过程中是否出错的奇偶校验位。奇偶校验是收发双方预先约定好的有限差错检验方式之一。有时也可不用奇偶校验。

④ 停止位：字符帧格式的最后部分是停止位，逻辑“1”电平有效，它可占 1/2 位、1 位或 2 位。停止位表示传送一帧信息的结束，也为发送下一帧信息做好准备。

2. 串行通信的波特率

波特率（Baud Rate）是串行通信中一个重要概念，它是指传输数据的速率，亦称比特率。波特率的定义是每秒传输二进制数码的位数。如：波特率为 1200bps 是指每秒钟能传输 1200 位二进制数码。波特率的倒数即为每位数据传输时间。

波特率和字符的传输速率不同，若采用图 7-7 的数据帧格式，并且数据帧连续传送(无空闲位)，则实际的字符传输速率为 1200/11＝109.09 帧/秒。波特率也不同于发送时钟和接收时钟频率。同步通信的波特率和时钟频率相等，而异步通信的波特率通常是可变的。

3. AT89C51 的串行接口

AT89C51 内部有一个可编程全双工串行通信接口。该部件不仅能同时进行数据的发送和接收，也可作为一个同步移位寄存器使用。下面将对其内部结构、工作方式以及波特率进行介绍。

(1) 串行接口的结构及功能

串行接口的结构及功能如图 7-8 所示。

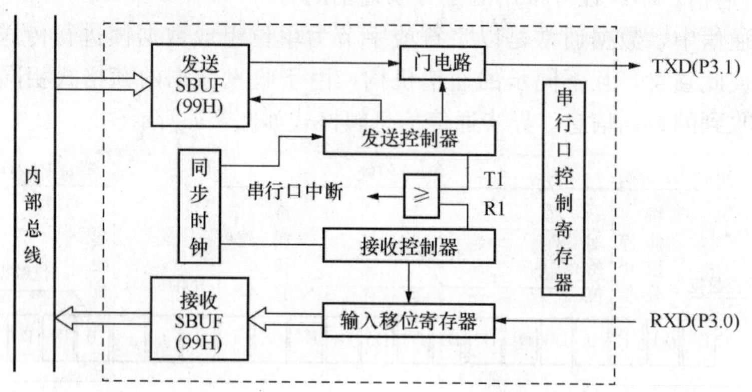

图 7-8　AT89C51 串行口结构框图

(2) 串行数据缓冲器 SBUF

SBUF 是串行口缓冲寄存器，包括发送寄存器和接收寄存器，以便能以全双工方式进行通信。此外，在接收寄存器之前还有移位寄存器，从而构成了串行接收的双缓冲结构，这样可以避免在数据接收过程中出现帧重叠错误。发送数据时，由于 CPU 是主动的，不会发生帧重叠错误，因此发送电路不需要双重缓冲结构。

在逻辑名称上，SBUF 只有一个，它既表示发送寄存器，又表示接收寄存器，具有同一个单元地址 99H。但在单片机内部，则有两个完全独立的 SBUF，一个是发送缓冲寄存器 SBUF，另一个是接收缓冲寄存器 SBUF。如果 CPU 写 SBUF，数据就会被送入发送寄存器准备发送；如果 CPU 读 SBUF，则读入的数据一定来自接收缓冲器。即 CPU 对 SBUF 的读写，实际上是分别访问上述两个不同的寄存器。

(3) 串行控制寄存器 SCON

串行控制寄存器 SCON 用于设置串行口的工作方式、监视串行口的工作状态、控制发送与接收的状态等。它是一个既可以字节寻址又可以位寻址的 8 位特殊功能寄存器。其格式如图 7-9 所示。

1) SM0 SM1：串行口工作方式选择位。其状态组合所对应的工作方式如表 7-2 所示。

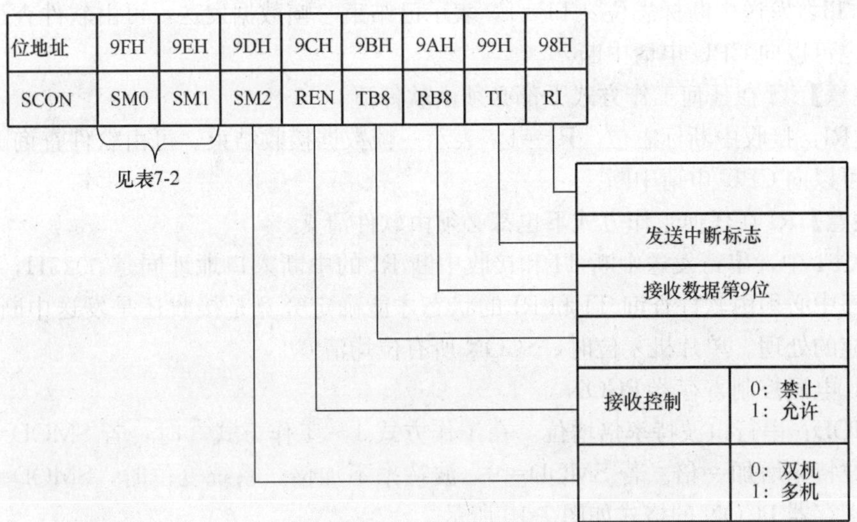

图 7-9　串行口控制寄存器 SCON

表 7-2　串行口工作方式

SM0	SM1	工作方式	功能说明
0	0	0	同步移位寄存器输入/输出，波特率固定为 fosc/12
0	1	1	10 位异步收发，波特率可变（T1 溢出率/n，n=32 或 16）
1	0	2	11 位异步收发，波特率固定为 f0sc/n，n=64 或 32
1	1	3	11 位异步收发，波特率可变（T1 溢出率/n，n=32 或 16）

2）SM2：多机通信控制器位。在方式 0 中，SM2 必须设成“0”。在方式 1 中，当处于接收状态时，若 SM2=1，则只有接收到有效的停止位“1”时，RI 才能被激活成“1”（产生中断请求）。在方式 2 和方式 3 中，若 SM2=0，串行口以单机发送或接收方式工作，TI 和 RI 以正常方式被激活并产生中断请求；若 SM2=1，RB8=1 时，RI 被激活并产生中断请求。

3）REN：串行接受允许控制位。该位由软件置位或复位。当 REN=1，允许接收；当 REN=0，禁止接收。

4）TB8：方式 2 和方式 3 中要发送的第 9 位数据。该位由软件置位或复位。在方式 2 和方式 3 时，TB8 是发送的第 9 位数据。在多机通信中，以 TB8 位的状态表示主机发送的是地址还是数据：TB8=1 表示地址，TB8=0 表示数据。TB8 还可用作奇偶校验位。

5）RB8：接收数据第 9 位。在方式 2 和方式 3 时，RB8 存放接收到的第 9 位数据。RB8 也可用作奇偶校验位。在方式 1 中，若 SM2=0，则 RB8 是接收到的停止位。在方式 0 中，该位未用。

6）TI：发送中断标志位。TI=1，表示已结束一帧数据发送，可由软件查询TI位标志，也可以向CPU申请中断。

【注意】TI在任何工作方式下都必须由软件清0。

7）RI：接收中断标志位。RI=1，表示一帧数据接收结束。可由软件查询RI位标志，也可以向CPU申请中断。

【注意】RI在任何工作方式下也都必须由软件清0。

在C51中，串行发送中断TI和接收中断RI的中断入口地址同是0023H，因此在中断程序中必须由软件查询TI和RI的状态才能确定究竟是接收还是发送中断，进而作出相应的处理。单片机复位时，SCON所有位均清0。

（4）电源控制寄存器PCON

SMOD：串行口波特率倍增位。在工作方式1～工作方式3时，若SMOD=1，则串行口波特率增加一倍。若SMOD=0，波特率不加倍。系统复位时，SMOD=0。电源控制寄存器PCON的格式如图7-10所示。

PCON	D7	D6	D5	D4	D3	D2	D1	D0
位名称	SMOD	–	–	–	GF1	GF0	PD	IDL

图7-10　电源控制寄存器PCON的格式

4. 串行口工作方式知识之一

AT89C51串行通信共有4种工作方式，它们分别是方式0、方式1、方式2和方式3，由串行控制寄存器SCON中的SM0 SM1决定，如表7-2所示。本项目串行口采用的是工作方式1。

方式1是一帧10位的异步串行通信方式，包括1个起始位（0），8个数据位和一个停止位（1），其帧格式如图7-11所示。

起始位0	D0	D1	D2	D3	D4	D5	D6	D7	停止位1

图7-11　方式1数据帧格式

1）数据发送。当TI=0时，执行“MOV SBUF，A”指令后开始发送，由硬件自动加入起始位和停止位，构成一帧数据，然后由TXD端串行输出。发送完后，TXD输出线维持在“1”状态下，并将SCON中的TI置1，表示一帧数据发送完毕。

2）数据接收。RI=0，REN=1时，接收电路以波特率的16倍速度采样RXD引脚，如出现由“1”变“0”跳变，认为有数据正在发送。

在接收到第9位数据（即停止位）时，必须同时满足以下两个条件：RI=0和SM2=0或接收到的停止位为“1”，才把接收到的数据存入SBUF中，停止位送RB8，同时置位RI。若上述条件不满足，接收到的数据不装入SBUF被舍弃。在方式1下，SM2应设定为0。

3）波特率。

$$波特率=2_{SMOD}\times(T1溢出率)/32$$

$$T1溢出率=1/T1定时时间=\frac{1}{(M-T_{初})\cdot T_{机}}$$

$$波特率=\frac{2_{SMOD}\cdot fosc}{32\cdot 12\cdot (M-T_{初})}$$

知识拓展：串行通信的数据校验

串行通信的目的不只是传送数据信息，更重要的是应确保准确无误地传送。因此必须考虑在通信过程中对数据差错进行校验，因为差错校验是保证准确无误地通信的关键。常用差错校验方法有奇偶校验、累加和校验以及循环冗余码校验等。

（1）奇偶校验

奇偶校验的特点是按字符校验，即在发送每个字符数据之后都附加一位奇偶校验位（1 或 0），当设置为奇校验时，数据中 1 的个数与校验位 1 的个数之和应为奇数；反之则为偶校验。收、发双方应具有一致的差错检验设置，当接收 1 帧字符时，对 1 的个数进行检验，若奇偶性（收、发双方）一致则说明传输正确。奇偶校验只能检测到那种影响奇偶位数的错误，比较低级且速度慢，一般只用在异步通信中。

（2）累加和校验

累加和校验是指发送方将所发送的数据块求和，并将“校验和”附加到数据块末尾。接收方接收数据时也是先对数据块求和，将所得结果与发送方的“校验和”进行比较，若两者相同，表示传送正确，若不同则表示传送出了差错。“校验和”的加法运算可用逻辑加，也可用算术加。累加和校验的缺点是无法检验出字节或位序的错误。

（3）循环冗余码校验（CRC）

循环冗余码校验的基本原理是将一个数据块看成一个位数很长的二进制数，然后用一个特定的数去除它，将余数作校验码附在数据块之后一起发送。接收端收到该数据块和校验码后，进行同样的运算来校验传送是否出错。目前 CRC 已广泛用于数据存储和数据通信中，并在国际上形成规范，市面上已有不少现成的 CRC 软件算法。

动动手：单片机串口发送字符 HELO 给 PC 机

请同学们参考案例任务，编写程序完成如下功能：开机后，在 PC 机的“串口调试助手”软件上接收到单片机发来的字符 HELO，编写并调试程序，下载到单片机运行，观察结果。

考核与评价

完成“单片机串口发送字符 HELO 给 PC 机”的考核与评价表 7-3。

表 7-3　考核与评价表

<table>
<tr><th rowspan="2">评价项目</th><th rowspan="2">评价内容</th><th rowspan="2" colspan="2">要求</th><th rowspan="2">配分</th><th colspan="3">评分</th></tr>
<tr><th>自评</th><th>组评</th><th>师评</th></tr>
<tr><td>系统的描述</td><td>描述串口通信系统的功能特点</td><td colspan="2">口头表达，简洁清楚，描述系统功能齐全</td><td>10</td><td></td><td></td><td></td></tr>
<tr><td>系统硬件组成</td><td>理解串口通信系统所使用的硬件器件和占用单片机的 I/O 口</td><td colspan="2">正确填写表 7-1</td><td>10</td><td></td><td></td><td></td></tr>
<tr><td rowspan="2">软件的设计</td><td rowspan="2">对流程图的理解；程序的编写</td><td>在流程图的指导下正确地编写主程序，系统功能实现完整</td><td>单片机开机或复位后，在 PC 上，用“串口调试小助手”软件检查到“HELO”</td><td>40</td><td></td><td></td><td></td></tr>
<tr><td colspan="2">系统功能实现完整，程序简洁明了，容量小</td><td>5</td><td></td><td></td><td></td></tr>
<tr><td>系统的调试</td><td>调试软件和下载软件的使用</td><td colspan="2">熟悉调试软件的操作步骤，熟悉下载软件的操作步骤，根据调试软件的提示修改错误，能根据观察结果修改程序</td><td>15</td><td></td><td></td><td></td></tr>
<tr><td>安全操作规程与劳动纪律</td><td colspan="3">遵守用电安全操作规程和劳动纪律，有良好的职业道德和职业习惯</td><td>10</td><td></td><td></td><td></td></tr>
<tr><td>完成工作的表现</td><td colspan="3">遵守纪律，认真学习相关知识，积极完成工作任务，团队合作和谐</td><td>10</td><td></td><td></td><td></td></tr>
<tr><td>个人体会</td><td colspan="7">（掌握了哪些技能？学到了哪些知识？有哪些收获？）</td></tr>
<tr><td>小组评价</td><td colspan="7"></td></tr>
<tr><td>教师评价</td><td colspan="7"></td></tr>
</table>

思考与练习

1. SBUF 是什么？谈谈它的两个作用。
2. 单片机串行口发送数据时，检测到 TI=0 表示什么？
3. 将本例中的波特率改为 9600，程序中要改变什么地方？如何改？

任务7.2　串行口数据接收

跟我做：单片机串口接收PC机发送的数据

设计单片机串口查询接收程序，接收来自PC机RS232口发送来的数据，并将数据送P0口（接数码管）显示，编写并调试程序，下载到单片机运行，观察结果。

任务设计指导

1. 准备工作

（1）硬件准备

单片机学习板一块，USB线一条，RS232串口线，带RS232串口电脑。

（2）软件准备

medwin仿真软件和STC下载软件，“串口调试助手”软件。

2. 任务实施

1）在单片机学习板上思考所需要的元器件，填写占用的单片机I/O口，如表7-4所示。

表7-4　占用的单片机的I/O口

使用的元器件	占用的单片机的I/O口

2）使用USB线连接单片机学习板和PC机的USB口，使用RS232串口线连接单片机学习板的串口和PC机的串口。

3）编写单片机串口接收PC机发送的数据程序。

① 编写延时程序。

```
/************延时子程序************************
**函数名称：      Delay
**函数描述：      延时
*****************************************/
void Delay(unsigned  int t)
{
      while(t--);
}
```

② 编写显示子函数。

```
/****************显示子函数******************
函数名称:xs
函数功能:四位数码管显示函数
*************************************/
void xs(unsigned char x1,x2,x3,x4)
{
  P2_7 = 1;P2_4 = 0;  P0 = table[x1];     Delay(50);
  P2_4 = 1;P2_5 = 0;  P0 = table[x2];     Delay(50);
  P2_5 = 1;P2_6 = 0;  P0 = table[x3];     Delay(50);
  P2_6 = 1;P2_7 = 0;  P0 = table[x4];     Delay(50);
}
```

③ 编写串口初始化子函数。

```
/****************串口初始化子函数*************
**函数名称:      Init
**函数描述:      串口初始化
*************************************/
void Init( )
{
  PCON |= 0x80;     /*波特率倍增                    */
  TMOD &= 0x0F;     /*初始化定时器 T1               */
  TMOD |= 0x20;/*定时器 T1 工作在方式 2(即自动重装初值),定时状态由 TR1 控制*/
  TL1 = 0xF3;/*波特率为:4800*/
  TH1 = 0xF3;/*波特率为:4800*/
  ET1 = 0;/*T1 用作波特率发生器,禁止 T1 中断*/
  TR1 = 1;*启动定时器 T1*/
  SCON = 0x50;  /*方式 1,*/
  IE = 0;  /*屏蔽中断   */
}
```

④ 编写串口接收的主函数。

```
/*************接收一个字节数据的主函数*************
**函数名称:      main
**函数功能:    接收一个字节
*************************************/
unsigned char code table[] = {0xc0,0xf9,0xa4,0xb0,0x99,0x92,0x82,0xf8,0x80,0x90,};
void main( )
```

```
{
  unsigned char ucdata;
  Init();       /*串口初始化*/
  while(1)  /*主循环*/
  {  unsigned int c=3000;
     if(RI)        /*检测是否有数据接收*/
     {
        RI=0;
        ucdata=SBUF;
        while(c--)
  xs(ucdata/1000,undata%1000/100,undata%100/10,undata%10);/*在数码管上显示接收的数
据*/
     }
   }
}
```

相关知识：串行口工作方式知识

单片机串行口的工作方式除了本项目使用的工作方式 1，还有工作方式 0、工作方式 2 和工作方式 3，现在介绍这三种工作方式（表 7-5）。在上一个任务中我们知道单片机的工作方式在 SCON 寄存器中设置，大家再来看 SCON 寄存器，如图 7-12 所示。

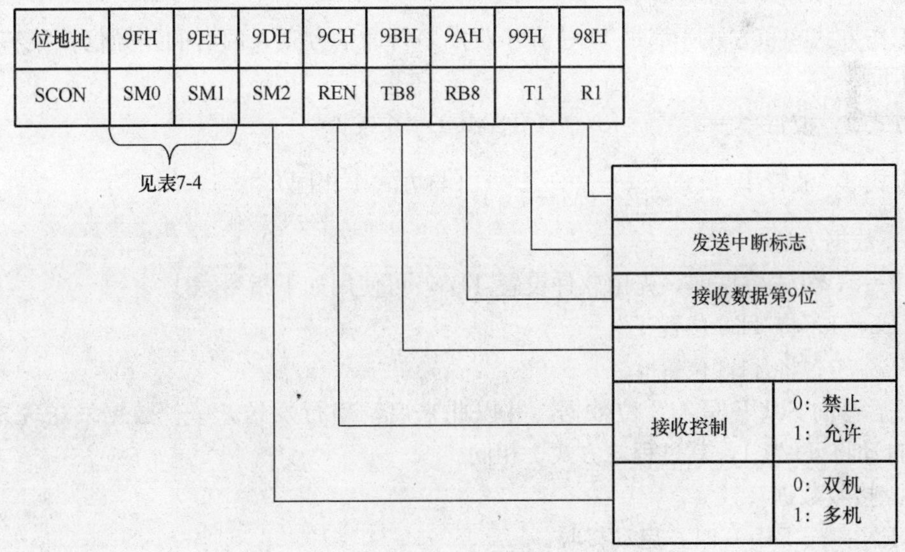

图 7-12　串行口控制寄存器 SCON

表 7-5 串行口工作方式

SM0	SM1	工作方式	功能说明
0	0	0	同步移位寄存器输入/输出，波特率固定为 fosc/12
0	1	1	10 位异步收发，波特率可变（T1 溢出率/n，n=32 或 16）
1	0	2	11 位异步收发，波特率固定为 f0sc/n，n=64 或 32
1	1	3	11 位异步收发，波特率可变（T1 溢出率/n，n=32 或 16）

（1）工作方式 0

在方式 0 下，串行口作为同步移位寄存器使用。此时 SM2、RB8、TB8 均应设置为 0。

1）发送数据。

TI=0 时，执行“SBUF=dat;”把发送数据 dat 送到缓冲器，启动发送，8 位数据由低位到高位从 RXD 引脚送出，TXD 发送同步脉冲。发送完后，由硬件置位 TI。

2）接收数据。

RI=0，REN=1 时启动接收，数据从 RXD 输入，TXD 输出同步脉冲。8 位数据接收完，由硬件置位 RI。可通过“ucdata=SBUF”读取缓冲器 SBUF 的数据到出来送到 ucdata。

方式 0 的波特率为 fosc/12，即一个机器周期发送或接收一位数据。

应当指出：方式 0 并非是同步通信方式。它的主要用途是外接同步移位寄存器，以扩展并行 I/O 口。

（2）工作方式 2 和方式 3

工作方式 2 和方式 3 都是 11 位异步收发串行通信方式，两者的差异仅在波特率上有所不同。

方式 2：波特率 $=2^{SMOD}\cdot fosc/64$（SMOD=0 或 1）

方式 3：波特率 $=\dfrac{2^{SMOD}\cdot fosc/64}{32\cdot 12\cdot (M-T_{初})}$（与方式 1 相同）

1）数据发送。

TI=0，发送数据前，先由软件设置 TB8，可使用如下指令完成：

TB8=1；将 TB8 位置 1。

TB8=0；将 TB8 位置 0。

然后再向 SBUF 写入 8 位数据，并以此来启动串行发送。一帧数据发送完毕后，CPU 自动将 TI 置 1，其过程与方式 1 相同。

2）接收数据。

REN=1，RI=0 时，启动接收。

① 若 SM2=0，接收到的 8 位数据送 SBUF，第 9 位数据送 RB8。

② 若 SM2=1，接收到的第 9 位数据为 0，数据不送 SBUF；接收到的第 9 位数据为 1，数据送 SBUF，第 9 位送 RB8。

对波特率需要说明的是，当串行口工作在方式 1 或方式 3，且要求波特率按规范取

1200、2400、4800、9600、…时，若采用晶振12MHz和6MHz，按上述公式算出的T1定时初值将不是一个整数，因此会产生波特率误差而影响串行通信的同步性能。解决的方法只有调整单片机的晶振频率fosc，为此有一种频率为11.0592MHz的晶振，这样可使计算出的T1初值为整数。表7-6列出了串行方式1或方式3在不同晶振时的常用波特率和误差。

表7-6　常用波特率和误差

晶振频率/MHz	波特率/Hz	SMOD	T1方式2定时初值	实际波特率	误差/%
12.00	9600	1	F9H	8923	7
12.00	4800	0	F9H	4460	7
12.00	2400	0	F3H	2404	0.16
12.00	1200	0	E6H	1202	0.16
11.0592	19200	1	FDH	19200	0
11.0592	9600	0	FDH	9600	0
11.0592	4800	0	FAH	4800	0
11.0592	2400	0	F4H	2400	0
11.0592	1200	0	E8H	1200	0

知识拓展：串行通信的制式

在串行通信中，数据是在两个站之间传送的，例如，本任务实现“单片机串口接收PC机发送的数据”，数据就是在单片机和PC机两个站之间传送。按照数据传送方向，串行通信可分为三种制式。

1. 单工制式（Simplex）

单工制式是指甲乙双方通信只能单向传送数据。单工制式如图7-13所示。

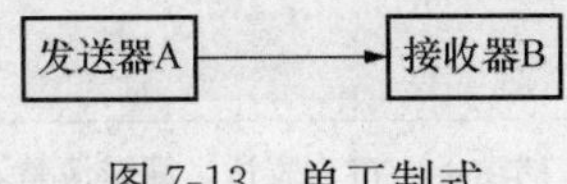

图7-13　单工制式

2. 半双工制式（Half duplex）

半双工制式是指通信双方都具有发送器和接收器，双方既可发送也可接收，但接收和发送不能同时进行，即发送时就不能接收，接收时就不能发送。半双工制式如图7-14所示。

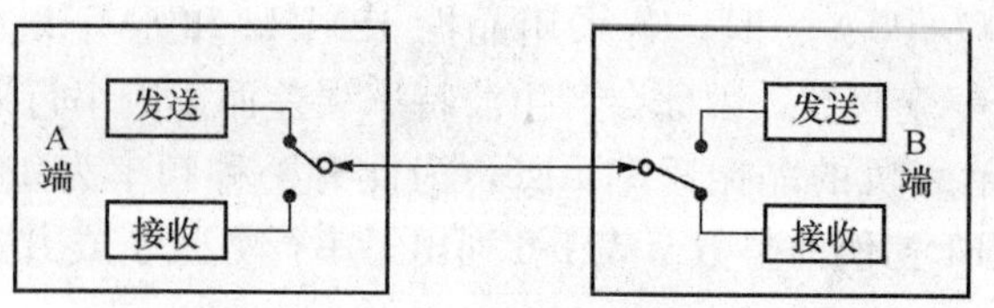

图 7-14 半双工制式

3. 全双工制式（Full duplex）

全双工制式是指通信双方均设有发送器和接收器，并且将信道划分为发送信道和接收信道，两端数据允许同时收发，因此通信效率比前两种高。全双工制式如图 7-15 所示。

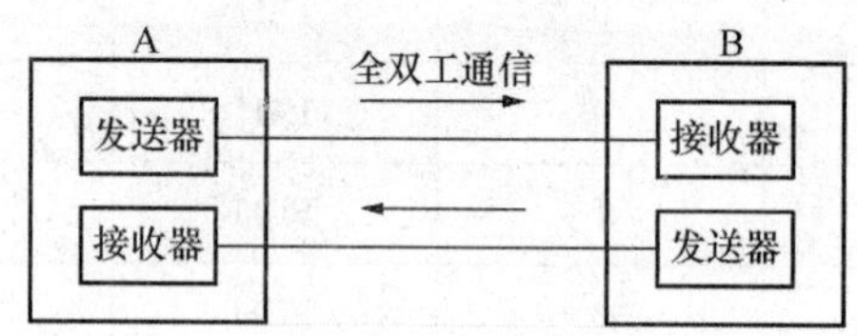

图 7-15 全双工制式

动动手：接收 PC 机发来的 0～9 的数码管的段码

请同学们参考案例任务，编写程序完成如下功能：从 PC 机上的“串口调试助手”软件的发送窗中填入 0～9 的数码管的段码，并发送。用 medwin 仿真软件编写调试程序，用 STC 下载软件将程序下载到单片机运，观察结果。

考核与评价

完成“接收 PC 机发来的 0～9 的数码管的段码”的考核与评价表 7-7。

表 7-7 考核与评价表

评价项目	评价内容	要求	配分	评分		
				自评	组评	师评
系统的描述	描述串口通信系统的功能特点	口头表达，简洁清楚，描述系统功能齐全	10			
系统硬件组成	理解串口通信系统所使用的硬件器件和占用单片机的 I/O 口	正确填写表 7-5	10			

续表

<table>
<tr><th rowspan="2">评价项目</th><th rowspan="2">评价内容</th><th rowspan="2" colspan="2">要求</th><th rowspan="2">配分</th><th colspan="3">评分</th></tr>
<tr><th>自评</th><th>组评</th><th>师评</th></tr>
<tr><td rowspan="3">软件的设计</td><td rowspan="3">对流程图的理解；程序的编写</td><td rowspan="2">在流程图的指导下正确地编写主程序，系统功能实现完整</td><td>在 PC 机上用“串口调试小助手”软件输出“HELO”</td><td>10</td><td></td><td></td><td></td></tr>
<tr><td>单片机开机或复位后，能接收 PC 上传送的“HELO”</td><td>30</td><td></td><td></td><td></td></tr>
<tr><td colspan="2">系统功能实现完整，程序简洁明了，容量小</td><td>5</td><td></td><td></td><td></td></tr>
<tr><td>系统的调试</td><td>调试软件和下载软件的使用</td><td colspan="2">熟悉调试软件的操作步骤，熟悉下载软件的操作步骤，根据调试软件的提示修改错误，能根据观察结果修改程序</td><td>15</td><td></td><td></td><td></td></tr>
<tr><td>安全操作规程与劳动纪律</td><td colspan="3">遵守用电安全操作规程和劳动纪律，有良好的职业道德和职业习惯</td><td>10</td><td></td><td></td><td></td></tr>
<tr><td>完成工作的表现</td><td colspan="3">遵守纪律，认真学习相关知识，积极完成工作任务，团队合作和谐</td><td>10</td><td></td><td></td><td></td></tr>
<tr><td>个人体会</td><td colspan="7">（掌握了哪些技能？学到了哪些知识？有哪些收获？）</td></tr>
<tr><td>小组评价</td><td colspan="7"></td></tr>
<tr><td>教师评价</td><td colspan="7"></td></tr>
</table>

思考与练习

1. 将单片机串行口设置为工作方式 0，则 SCON 寄存器的内容是什么？
2. 单片机串行口接收数据时，如果检测到 RI==0，表示什么？
3. REN 表示什么？在单片机串行口需要接收数据的时候，REN 应该怎么设置？
4. 将本任务修改成用中断方式来检测接收数据，并显示接收的结果。

任务 7.3　电灯工作状态的远程监控

跟我做：电灯工作状态的远程监控

从 PC 机串口发送命令到单片机实现对电灯的开关控制，并将单片机采集到电灯的开关状态回传给 PC 机。开关命令为字符串“1”时表示开，命令字符串为“0”时表示关。当单片机接收到PC机传来的“1”，则控制开灯，当单片机接收到PC机传来的“0”，则控制关灯。编写并调试程序，下载到单片机运行，观察结果。

任务设计指导

1. 准备工作

(1) 硬件准备

单片机学习板一块，继电器电路板一块、RS232串口线，USB线一套，电脑一台。

(2) 软件准备

medwin仿真软件和STC下载软件，“串口调试助手”软件。

2. 任务实施

1) 在单片机学习板上思考所需要的元器件，填写占用的单片机I/O口，如表7-8所示。

表7-8　占用的单片机I/O口

使用的元器件	占用的单片机I/O口

2) 用USB串口线和RS232串口线连接单片机和PC机，连接单片机学习板和继电器电路板。

3) 编写家电设备工作状态的远程监控系统主函数。

① 编写串口初始化程序。

```
/**************串口初始化参考函数***************
**函数名称:      Init
**函数描述:      串口初始化
*******************************************************/
void Init( )
{
    PCON |= 0x80;     /*波特率倍增                    */
    TMOD &= 0x0F;     /*初始化定时器T1                */
    TMOD |= 0x20;/*定时器T1工作在方式2(即自动重装初值),定时状态由TR1控制*/
    TL1 = TH1 = 0xF3;/*波特率为:4800*/
    ET1 = 0;/*T1用作波特率发生器,禁止T1中断*/
    TR1 = 1;*启动定时器T1*/
    SCON = 0x50;  /*方式1,*/
    IE = 0;  /*屏蔽中断   */
}
```

② 编写发送一个字节子程序。

```
/*************发送一个字节子函数*************
**函数名称:     SendByte
**函数描述:     发送一个字节
**************************************************/
void SendByte(unsigned char dat)
{
    SBUF = dat;
    while(! TI);
    TI = 0;
}
```

```
/**********电灯工作状态的远程监控系统主函数**************
函数名称:      main
函数描述:  串口接收 PC 机的命令控制电灯,然后收集电灯工作状态,发送回 PC 机
**************************************************/
sbit    P1_0 = P1^0;
sbit    P1_1   = P1^1;
void main(void)
{
    unsigned char ucdata;
    UartInit();  /*串口初始化                */
    while(1)    /*主循环                  */
    {
        if(RI)  /*检测是否有数据接收          */
        {
            RI = 0;
            ucdata = SBUF;  /*接收数据*/
          if(ucdata = = '1')P1_0 = 1;//控制继电器--开
          if(ucdata = = '0')P1_0 = 0;//控制继电器--关
          if(P1_1)ucdata = '1';//检测 P1.1 状态
          else ucdata = '0';
            SendByte(ucdata);;//回传状态
        }
    }
}
```

③ 编写电灯工作状态的远程监控主程序。

相关知识：电灯工作状态远程监控系统的基本认知

1. 继电器电路

本次任务是选用的家电是简单的电灯，实现对电灯的开关的远程控制，使用单片机控制继电器的断开与吸和来控制电灯的开关。

继电器是一种电子控制器件，它具有控制系统（又称输入回路）和被控制系统（又称输出回路），通常应用于自动控制电路中，它实际上是用较小的电流去控制较大电流的一种“自动开关”。故在电路中起着自动调节、安全保护、转换电路等作用（图 7-16）。

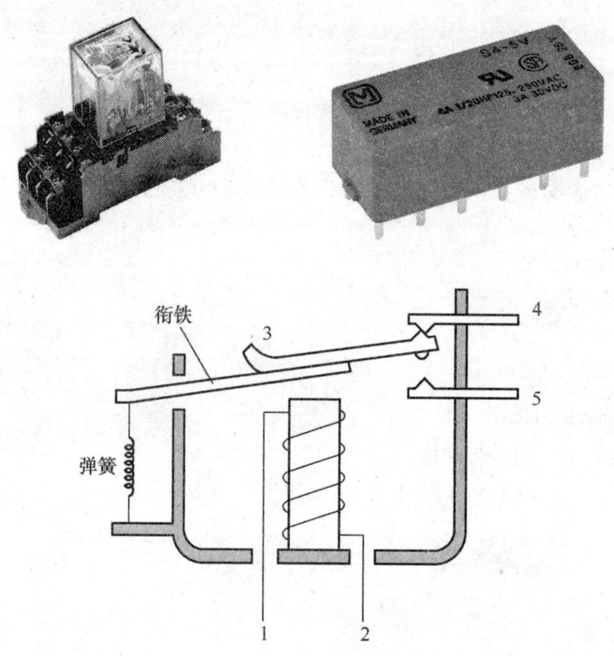

图 7-16　继电器外形图和内部结构图

电磁式继电器一般由铁芯、线圈、衔铁、触点簧片等组成的。只要在线圈两端加上一定的电压，线圈中就会流过一定的电流，从而产生电磁效应，衔铁就会在电磁力吸引的作用下克服返回弹簧的拉力吸向铁芯，从而带动衔铁的动触点与静触点（常开触点）吸合。当线圈断电后，电磁的吸力也随之消失，衔铁就会在弹簧的反作用力返回原来的位置，使动触点与原来的静触点（常闭触点）吸合。这样吸合、释放，从而达到了在电路中的导通、切断的目的。对于继电器的“常开、常闭”触点，可以这样来区分：继电器线圈未通电时处于断开状态的静触点，称为“常开触点”；处于接通状态的静触点称为“常闭触点”。

继电器的选用注意事项：

1）控制电路的电源电压，能提供的最大电流。

2）被控制电路中的电压和电流。

3）被控电路需要几组、什么形式的触点。选用继电器时，一般控制电路的电源电压可作为选用的依据。控制电路应能给继电器提供足够的工作电流，否则继电器吸合是不稳定的。

4）注意器具的容积。若是用于一般用电器，除考虑机箱容积外，小型继电器主要考虑电路板安装布局。对于小型电器，如玩具、遥控装置则应选用超小型继电器产品。

本实验的驱动部分电路如图 7-17 所示。

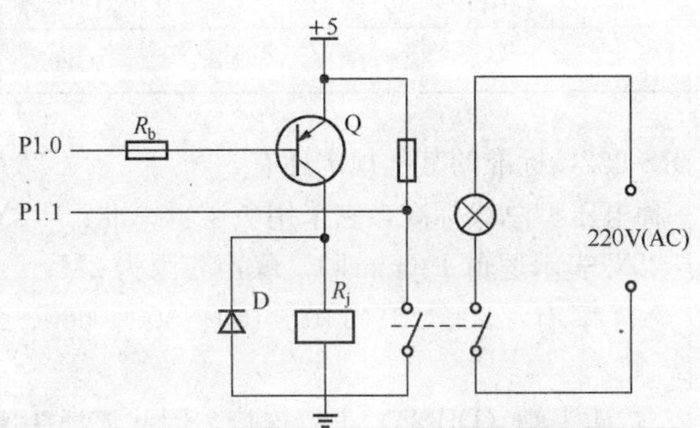

图 7-17 继电器控制电灯电路原理图

单片机 P1.0 口输出控制三极管 Q 的导通状态，从而控制继电器的吸合，实现对电灯的开关控制。同时继电器的另一组接触点接到单片机的 P1.1 口，用于检测继电器的吸合状态，该状态与被控电器的电源开关状态是一致的。

本项目中监控的是一盏灯，实际应用中可以改成电视机、电饭锅等家电，但要注意的是继电器的功率要足够大。

2. PC 机与单片机间的串行通信

近年来，在智能仪器仪表、数据采集、嵌入式自动控制等场合，越来越普遍应用单片机作核心控制部件。但当需要处理较复杂数据或要对多个采集的数据进行综合处理以及需要进行集散控制时，单片机的算术运算和逻辑运算能力都显得不足，这时往往需要借助计算机系统。将单片机采集的数据通过串行口传送给 PC 机，由 PC 机高级语言或数据库语言对数据进行处理，或者实现 PC 机对远端单片机进行控制。因此，实现单片机与 PC 机之间的远程通信更具有实际意义。

单片机中的数据信号电平都是 TTL 电平，这种电平采用正逻辑标准，即约定≥2.4V表示逻辑 1，而≤0.5V 表示逻辑 0，这种信号只适用于通信距离很短的场合，若用于远距离传输必然会使信号衰减和畸变。因此，在实现 PC 机与单片机之间通信或单片机与单片机之间远距离通信时，通常采用标准串行总线通信接口，比如 RS-232C、RS-422、RS-423、RS-485 等。其中 RS-232C 原本是美国电子工业协会（Electronic Industry Association，简称 EIA）的推荐标准，现已在全世界范围内广泛采用，RS-232C 是在异步串行通信中应用最广的总线标准，它适用于短距离或带调制解调器的通信场合。

3. RS-232C总线标准

RS-232C实际上是串行通信的总线标准。该总线标准定义了25条信号线，使用25个引脚的连接器。各信号引脚的定义见表7-9。

表7-9　RS-23C引脚信号定义

PC0N	D7	D6	D5	D4	D3	D2	D1	D0
位名称	SM0D	—	—	—	GF1	GF0	PD	IDL

除信号定义外，RS-232C标准的其他规定还有：

1）RS-232C是一种电压型总线标准，它采用负逻辑标准：+3V～+25V表示逻辑0（space）；−3V～−25V表示逻辑1（mark）。噪声容限为2V。

2）标准数据传送速率有：50、75、110、150、300、600、1200、2400、4800、9600和19200bit/s。

3）采用标准的25芯插头座（DB-25）进行连接，因此该插头座也称之为RS-232C连接器。

表7-9标准中许多信号是为通信业务或信息控制而定义的，在计算机串行通信中主要使用了如下信号。

1）数据传送信号：发送数据（TXD）；接收数据（RXD）。

2）调制解调器控制信号：请求发送（RTS）；清除发送（CTS）；数据通信设备准备就绪（DSR）；数据终端准备就绪（DTR）。

3）定位信号：接收时钟（RXC）；发送时钟（TXC）。

4）信号地GND。

4. RS-232C接口电路

由于RS-232C信号电平（EIA）与AT89C51单片机信号电平（TTL）不一致，因此，必须进行信号电平转换。实现这种电平转换的电路称为RS-232C接口电路。一般有两种形式：一种是采用运算放大器、晶体管、光电隔离器等器件组成的电路来实现；另一种是采用专门集成芯片（如MC1488、MC1489、MAX232等）来实现。下面介绍由专门集成芯片MAX232构成的接口电路。

（1）MAX232接口电路

MAX232芯片是MAXIM公司生产的具有两路接收器和驱动器的IC芯片，其内部有一个电源电压变换器，可以将输入+5V的电压变换成RS-232C输出电平所需的±12V电压。所以采用这种芯片来实现接口电路特别方便，只需单一的+5V电源即可。

MAX232芯片的引脚结构如图7-18所示。其中管脚1～6（C1+、V+、C1−、C2+、C2−、V−）用于电源电压转换，只要在外部接入相应的电解电容即可；管脚7～10和管脚11～14构成两组TTL信号电平与RS-232信号电平的转换电路，对应管脚可直接与单片机串行口的TTL电平引脚和PC机的RS-232电平引脚相连。具体连线

如图 7-18 所示。

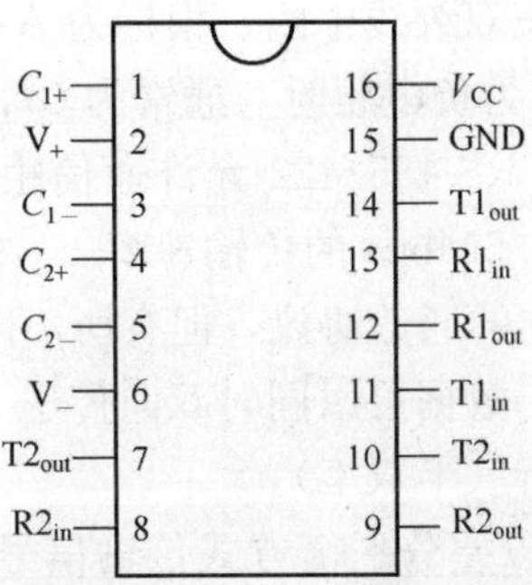

图 7-18　MAX232 引脚图

（2）PC 机与 89C51 单片机串行通信电路

用 MAX232 芯片实现 PC 机与 AT89C51 单片机串行通信的典型电路如图 7-19 所示。图中外接电解电容 C_1、C_2、C_3、C_4 用于电源电压变换，可提高抗干扰能力，它们可取相同容量的电容，一般取 1.0μF/16V。电容 C_5 的作用是对＋5V 电源的噪声干扰进行滤波，一般取 0.1μF。选用两组中的任意一组电平转换电路实现串行通信，如图中选 Tlin、Rlout 分别与 AT89C51 的 TXD、RXD 相连，Tlout、Rlin 分别与 PC 机中 R232 接口的 TXD、RXD 相连。这种发送与接收的对应关系不能接错，否则将不能正常工作。

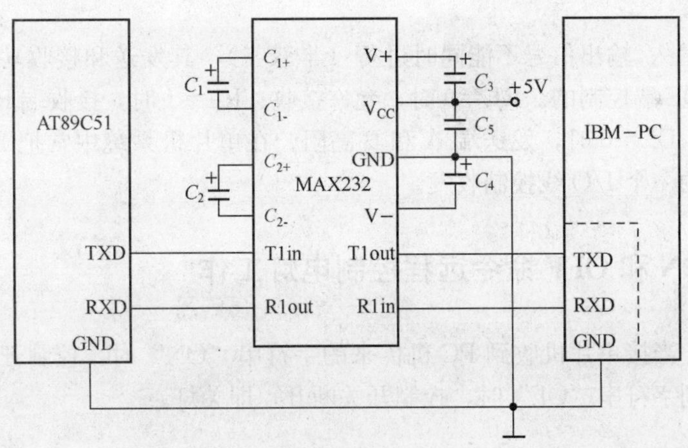

图 7-19　用 MAX232 实现串行通信接口电路图

知识拓展：RS-485 总线接口标准

RS-232 接口标准出现较早，难免会有不足之处：①接口的信号电平值较高，易损坏接口电路的芯片；②传输速率较低，在异步传输时，波特率最大 20kbps；③接口使用一根信号线和一根信号返回线而构成共地的传输形式，这种共地传输容易产生共模干扰；④传输距离有限，实际最大传输距离 30m 左右。

RS 485/422 接口采用不同的方式：每个信号都采用双绞线传送，两条线间的电压差用于表示数字信号。例如，把双绞线中的一根标为 A（正），另一根标为 B（负），当 A 为正电压（通常为+5V），B 为负电压时（通常为 0），表示信号 1；反之，A 为负电压，B 为正电压时表示信号 0。RS-485/422 允许通信距离可达到 1.2km，实际上可达 3km，采用合适的电压可达到 2.5Mbps 的传输速率。

RS-422 与 RS-485 采用相同的通信协议，但有所不同。RS-422 通常作为 RS-232 通信的扩展，它采用两对双绞线，数据可以同时双向传送（全双工）。RS-485 则采用一对双绞线，输入输出不能同时进行（半双工）。

RS-485 串行总线接口标准以差分平衡方式传输信号，具有很强的抗共模干扰的能力。逻辑“1”以两线间的电压差为+2V～+6V 表示；逻辑“0”以两线间的电压差为−2V～−6V 表示。接口信号电平比 RS-232 降低了，不容易损坏接口电路芯片。

RS-485 总线标准可采用 MAX485 芯片实现电平转换。MAX-485 芯片引脚排列如图 7-20 所示。

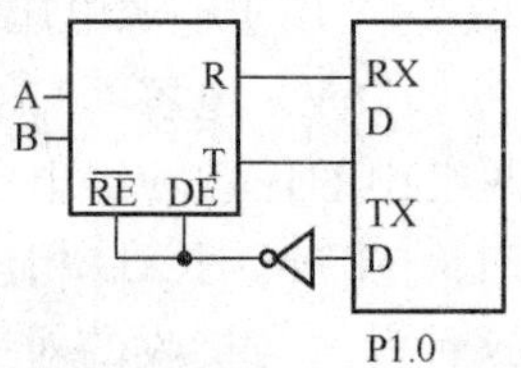

图 7-20　MAX-485 芯片

MAX485 输入/输出信号不能同时进行（半双工），其发送和接收功能的转换是由芯片的 RE 和 DE 端控制的。RE=0 时，允许接收；RE=1 时，接收端 R 高阻。DE=1 时，允许发送；DE=0 时，发送端 A 和 B 高阻。在单片机系统中常把 RE 和 DE 接在一起用单片机的一个 I/O 线控制收发。

动动手：ON 和 OFF 命令远程控制电灯工作

编写程序，当接单片机收到 PC 机传来的字符串“ON”时，控制开关吸合，即电灯亮；当接收到字符串“OF”时，控制开关断开，即关灯。

考核与评价

完成“ON 和 OFF 命令远程控制电灯工作”任务的考核与评价表 7-10。

表 7-10　考核与评价表

<table>
<tr><th rowspan="2">评价项目</th><th rowspan="2">评价内容</th><th rowspan="2" colspan="2">要求</th><th rowspan="2">配分</th><th colspan="3">评分</th></tr>
<tr><th>自评</th><th>组评</th><th>师评</th></tr>
<tr><td>系统的描述</td><td>描述串口通信系统的功能特点</td><td colspan="2">口头表达，简洁清楚，描述系统功能齐全</td><td>10</td><td></td><td></td><td></td></tr>
<tr><td>系统硬件组成</td><td>理解串口通信系统所使用的硬件器件和占用单片机的 I/O 口</td><td colspan="2">正确填写表 7-8</td><td>10</td><td></td><td></td><td></td></tr>
<tr><td rowspan="5">软件的设计</td><td rowspan="5">对流程图的理解；程序的编写</td><td rowspan="4">在流程图的指导下正确地编写主程序，系统功能实现完整</td><td>在 PC 机上用“串口调试小助手”软件输出“ON”</td><td>10</td><td></td><td></td><td></td></tr>
<tr><td>单片机收到“ON”信号后，控制继电器闭合</td><td>5</td><td></td><td></td><td></td></tr>
<tr><td>在 PC 机上用“串口调试小助手”软件输出“OFF”</td><td rowspan="2">30</td><td rowspan="2"></td><td rowspan="2"></td><td rowspan="2"></td></tr>
<tr><td>单片机收到“OFF”信号后，控制继电器断开</td></tr>
<tr><td colspan="2">系统功能实现完整，程序简洁明了，容量小</td><td>5</td><td></td><td></td><td></td></tr>
<tr><td>系统的调试</td><td>调试软件和下载软件的使用</td><td colspan="2">熟悉调试软件的操作步骤，熟悉下载软件的操作步骤，根据调试软件的提示修改错误，能根据观察结果修改程序</td><td>10</td><td></td><td></td><td></td></tr>
<tr><td>安全操作规程与劳动纪律</td><td colspan="3">遵守用电安全操作规程和劳动纪律，有良好的职业道德和职业习惯</td><td>10</td><td></td><td></td><td></td></tr>
<tr><td>完成工作的表现</td><td colspan="3">遵守纪律，认真学习相关知识，积极完成工作任务，团队合作和谐</td><td>10</td><td></td><td></td><td></td></tr>
<tr><td>个人体会</td><td colspan="7">（掌握了哪些技能？学到了哪些知识？有哪些收获？）</td></tr>
<tr><td>小组评价</td><td colspan="7"></td></tr>
<tr><td>教师评价</td><td colspan="7"></td></tr>
</table>

主要参考文献

曹巧媛．2000. 单片机原理及应用．北京：电子工业出版社

何立民．1993. 单片机应用系统设计．北京：北京航空航天大学出版社

黄遵喜，等．2000. 单片机原理接口与应用．北京：高等教育出版社

李广弟，朱月秀，王秀山．2001. 单片机基础．北京：北京航空航天大学出版社